U0174325

奇异摄动丛书　5

奇异摄动问题的计算方法

吴雄华　王　健　蔡　新　著
岑仲迪　江　山　侯　磊

科学出版社

北　京

内 容 简 介

奇异摄动问题的计算方法是经典摄动理论与现代计算技术的结合. 本书主要介绍求解奇异摄动问题的相关计算方法, 包括自适应网格、拟合因子法、初值问题的混合差分格式、边值问题的混合差分格式, 以及多尺度方法、微分求积法和 Sinc 方法等高精度算法, 并研究了这些方法的理论基础. 所讨论的奇异摄动问题既有边界层问题, 也有内部层问题.

本书可供数学、力学、物理学以及其他学科的工程技术研究人员与高校教师、高年级本科生及科学与工程计算研究生参考阅读.

图书在版编目 (CIP) 数据

奇异摄动问题的计算方法/吴雄华等著. —北京: 科学出版社, 2022.2
(奇异摄动丛书; 5/张伟江, 张祥主编)
ISBN 978-7-03-071496-1

Ⅰ.①奇… Ⅱ.①吴… Ⅲ.①摄动-计算方法 Ⅳ.①O177

中国版本图书馆 CIP 数据核字(2022) 第 026377 号

责任编辑: 王丽平 李 萍 / 责任校对: 彭珍珍
责任印制: 吴兆东 / 封面设计: 陈 敬

科学出版社 出版
北京东黄城根北街 16 号
邮政编码: 100717
http://www.sciencep.com
北京虎彩文化传播有限公司 印刷
科学出版社发行 各地新华书店经销
*
2022 年 2 月第 一 版 开本: 720×1000 1/16
2022 年 2 月第一次印刷 印张: 11 1/2
字数: 240 000
定价: 118.00 元
(如有印装质量问题, 我社负责调换)

《奇异摄动丛书》编委会

主 编：张伟江 张 祥

编 委 (按汉语拼音排序)：

陈贤峰 仇 璘 戴世强 杜增吉 侯 磊

李 骥 林武忠 刘树德 莫嘉琪 倪明康

沈建和 史少云 汪志鸣 王 健 王翼飞

吴雄华 谢 峰 于 江 周明儒

《奇异摄动丛书》序言

科学家之所以受到世人的尊敬，除了因为世人都享受到了科学发明的恩惠之外，还因为人们为科学家追求真理的执着精神而感动. 而数学家又更为世人所折服，能在如此深奥、复杂、抽象的数学天地里遨游的人着实难能可贵，抽象的符号、公式、推理和运算已成了当今所有学科不可缺少的内核了，人们在享受各种科学成果时，同样也在享受内在的数学原理与演绎的恩泽. 奇异摄动理论与应用是数学和工程融合的一个奇葩，它出人意料地涉足许多无法想象的奇观，处理人们原来常常忽略却又无法预测的奇特. 于是其名字也另有一问，为 "奇异摄动"(singular perturbation).

20 世纪 40 年代，科学先驱钱伟长等已对奇异摄动作了许多研究，并成功地应用于力学等方面. 20 世纪 50 年代后，中国出现了一大批专攻奇异摄动理论和应用的学者，如著名的学者郭永怀，在空间技术方面作出了巨大贡献，苏煜城教授留苏回国后开创了我国奇异摄动问题的数值计算研究，美国柯朗研究所、美籍华裔丁汝教授在 1980 年间奔波上海、西安、北京，讲授奇异摄动理论及应用 ⋯⋯1979 年，钱伟长教授发起并组织在上海召开了 "全国第一次奇异摄动讨论会".

可贵的是坚韧. 此后，虽然起起伏伏，但是开拓依旧. 2005 年 8 月在上海交通大学、华东师范大学、上海大学组织下，我们又召开了 "全国奇异摄动学术研讨会"，并且一发而不可止. 此后每年都召开全国性学术会议，汇集国内各方学者研究讨论. 2010 年 6 月在中国数学会、上海市教委 E-研究院和上海交通大学支持下，在上海召开了世界上第一次 "奇异摄动理论及其应用国际学术大会". 该领域国际权威人士 Robert O'Malley(华盛顿大学), John J H Miller(爱尔兰 Trinity 学院) 等都临会，并作学术报告.

更可喜的是经过学者们的努力，在 2007 年 10 月，中国数学会批准成立中国数学会奇异摄动专业委员会，学术研究与合作的旗帜终于在华夏大地飘起.

难得的是慧眼识英雄. 科学出版社王丽平同志敏锐地觉察到了奇异摄动方向的成就和作用，将出版奇异摄动丛书一事提到了议事日程，并立刻得到学者们的赞同. 于是，本丛书中的各卷将陆续呈现于读者面前.

作序除了简要介绍一下来历之外，更是想表达对近七十年来中国学者们在奇异摄动理论和应用方面所作出巨大贡献的敬意. 中国科技创新与攀登少不了基础理论的支持, 更少不了坚持不懈精神的支撑.

但愿成功!

张伟江博士

中国数学会奇异摄动专业委员会理事长

2011 年 11 月

前　言

本书是《奇异摄动丛书》的第五分册, 是在《奇异摄动丛书》编委会的统一安排和指导下进行编写的.

本书主要介绍求解奇异摄动问题的拟合因子法、混合差分格式、多尺度方法、微分求积法和 Sinc 方法等高精度算法.

本书共 5 章. 第 1 章介绍自适应网格和求解奇异摄动问题的数值方法; 第 2 章讨论求解守恒型奇异摄动常微分方程的拟合因子法; 第 3 章介绍奇异摄动初值问题的混合差分格式; 第 4 章讨论奇异摄动边值问题的混合差分格式; 第 5 章介绍几类高精度算法, 包括多尺度有限元法、微分求积法等.

本书由我国研究奇异摄动计算的老中青学者合作完成. 陈贤峰 (上海交通大学) 负责本书策划; 王健 (上海交通大学) 负责第 1 章 (1.1.3 小节除外); 蔡新 (美国洛杉矶圣玛丽山大学) 负责第 2 章和 4.1 节、4.2 节; 岑仲迪 (浙江万里学院) 负责第 3 章和 4.3 节、4.4 节; 吴雄华 (同济大学) 负责 5.1 节、5.2 节、5.4 节、5.5 节; 江山 (南通大学) 负责 1.1.3 小节、5.3 节. 最后由王健统稿, 侯磊 (上海大学) 进行审阅.

衷心感谢中国数学会奇异摄动专业委员会对本书编写和出版的指导、帮助. 感谢科学出版社和王丽平编辑对本书编写、出版的大力支持. 感谢陈贤峰对本书的编写所做的贡献.

第 5 章部分内容在同济大学数学系相应的讨论班中进行了深入的讨论和研究, 有的已经在相应的论文中发表. 参加讨论班的老师和学生主要有陈素琴、张秀艳、孔伟斌、杜亮亮、王玺承、刘旭、韩国峰、王英伟、陈烨远、郑烁宇、王一然、黄金捷、邵文婷等, 参与书稿打印、算例编写的研究生有杜亮亮、郑烁宇、邵文婷等, 作者一并表示致谢.

由于本书撰写人员的水平有限, 疏漏和不足之处在所难免, 恳请各界同仁提出批评意见.

作　者
2021 年 3 月 1 日

目　　录

第 1 章 绪 论

奇异摄动问题广泛存在于天体力学、流体力学、固体力学、量子力学、光学、声学、化学、生物学以及控制论、最优化等领域. 奇异摄动问题的特性是, 在所讨论的微分方程中含有摄动系数, 这种参数可以是反映一定的物理性质而自然出现, 也可以是人为地引进[1,2]. 最著名的奇异摄动问题是高雷诺数 Navier-Stokes 方程以及磁流动力学问题.

对于奇异摄动问题, 方程的解在某些区域的变化会变得非常剧烈, 即方程的解存在边界层或内部层. 在任意网格和均匀网格上求解奇异摄动问题, 很多经典数值方法都不能有效地逼近, 出现振荡或不精确现象, 而且这种振荡不仅影响到边界层, 也影响到整个求解区域的误差. 这就要求我们去寻找一种非均匀网格, 在边界层细密剖分, 以适应问题的奇异摄动特性.

一般地, 构造求解奇异摄动问题的数值方法有两种基本的策略或者是这两种策略的组合.

策略一, 在已知解的奇性情况下, 在基底中加入一些带有相应奇性的基函数, 去逼近原问题的解.

策略二, 在解的带有奇性的地方采取一些特殊的网格剖分, 如加密网格剖分来获得更好的逼近效果.

基于这两种基本策略, 出现了多种数值方法, 例如基于特殊网格剖分的各种形式的有限差分法、有限元法和有限体积法等. 针对奇异摄动问题的各种网格剖分也应运而生, 这包括 Bakhvalov 网格、Shishkin 网格、Graded 网格和最优网格等.

1.1 自适应网格

由于奇异摄动问题的解在某些区域 (边界层或内部层) 内梯度比较大, 经典的差分方法无法得到令人满意的结果, 因此需要根据奇异摄动问题的特性来选取自适应网格, 使得逼近误差达到最优. 从直观上分析, 由于奇异摄动问题的解在边界层或内部层区域变化比较剧烈, 而在外部区域变化比较缓慢, 因此, 在边界层或内部层区域使用加密网格, 而在外部区域使用粗网格, 从而得到一个边界层或内部层加密网格. 为了使得数值方法的误差分析简洁明了, 下面引入两个坐标空间: 要构造的非均匀网格的物理空间和相应的均匀网格的计算空间, 并通过网格变换函数来建立两个空间之间的对应关系. 于是只要在均匀网格上构造合适的网格产生函数就可得到相应的非均匀网格. 首先定义网格产生函数.

定义 1.1.1 (网格产生函数)   令 $\varphi: [0,1] \to [0,1]$ 是一严格单调算子. 若算子 φ 把均匀网格 ξ 映射到一自适应网格 x 上, 则称 $x = \varphi(\xi)$ 为网格产生函数.

下面介绍几种常用的自适应网格.

1.1.1   Bakhvalov 网格

Bakhvalov[3] 提出在边界层内 ($x = 0$ 附近) 用等距的 ξ-网格, 然后通过边界层型函数映射到 x 轴上, 即边界层内的网格节点 x_i 满足

$$q\left(1 - \exp\left(-\frac{\beta x_i}{\sigma\varepsilon}\right)\right) = \xi_i = \frac{i}{N}, \quad i = 0, 1, \cdots, N,$$

其中参数 $q \in (0,1)$, 它表示边界层内的网格节点数与总节点数之比; 参数 $\sigma > 0$, 它决定了边界层内网格节点分布的梯度大小. 在外部区域直接用等距的 x-网格, 并选取过渡点 τ(从边界层区域到外部区域的转换点) 使所构造的网格产生函数具有一阶连续导数. 由此方法构造的网格产生函数为

$$\varphi(\xi) = \begin{cases} \chi(\xi) \equiv -\dfrac{\sigma\varepsilon}{\beta}\ln\left(1 - \dfrac{\xi}{q}\right), & \xi \in [0,\tau], \\ \pi(\xi) \equiv \chi(\tau) + \chi'(\tau)(\xi - \tau), & \xi \in [\tau,1], \end{cases} \tag{1.1.1}$$

其中过渡点 τ 满足

$$\chi(\tau) + \chi'(\tau)(\xi - \tau) = 1. \tag{1.1.2}$$

从几何图形上可看出直线 $\pi(\xi)$ 是过点 $(1,1)$ 与曲线 $x = \chi(\xi)$ 相切的切线, $(\tau, \chi(\tau))$ 是切点.

由于非线性方程 (1.1.2) 不能准确地求解, 因此 Vulanović 用 (0,1)-Pade 估计来代替上面网格产生函数中的指数函数部分, 这就有下面的网格产生函数

$$\varphi(\xi) = \begin{cases} \chi(\xi) \equiv \dfrac{\sigma\varepsilon}{\beta}\dfrac{\xi}{\xi - q}, & \xi \in [0,\tau], \\ \pi(\xi) \equiv \chi(\tau) + \chi'(\tau)(\xi - q), & \xi \in [\tau,1], \end{cases} \tag{1.1.3}$$

这里选取满足方程 $\pi(1) = 1$ 的 τ.

所有由 Bakhvalov 网格产生函数所得到的网格称为 Bakhvalov 网格, 简称为 B 网格. 由 Liseikin 和 Yanenko[4] 构造的网格、Boglaev[5] 构造的网格和最近广泛研究的等分布网格, 以及由 Gartland[6] 提出的梯度网格都属于 B 网格.

简单迎风差分格式在 Bakhvalov 网格上的典型收敛结果是

$$\left\|u - u^N\right\|_{\infty,\omega} \leqslant CN^{-1}, \tag{1.1.4}$$

其中 $\|v\|_{\infty,\omega} = \max\limits_{i=0,\cdots,N} |v_i|$. 即简单迎风差分格式在 L_∞ 模或离散极大模的意义下关于 ε 一致一阶收敛.

1.1.2 Shishkin 网格

另一种经常使用的网格是 Shishkin 网格 [7,8]. 它是分片等距网格, 具有比较简单的结构. 令 q,σ 是两个网格参数, 满足 $q \in (0,1), \sigma > 0$, 并且 q 为边界层内的网格节点数与总节点数的比值. 选取网格过渡点 λ, 使得当 $x \in [\lambda,1]$ 时, 边界层函数 $\exp\left(-\dfrac{\beta x}{\varepsilon}\right)$ 小于 $N^{-\sigma}$, 故令

$$\lambda = \min\left\{ q, \frac{\sigma\varepsilon}{\beta}\ln N \right\}.$$

则把区间 $[0,\lambda]$ 和 $[\lambda,1]$ 分别分成 qN 和 $(1-q)N$ 个等距的小区间 (假设 qN 是整数). 如果 $q \geqslant \lambda$, 则此网格可认为由下面的网格产生函数生成

$$\varphi(\xi) = \begin{cases} \dfrac{\sigma\varepsilon}{\beta}\dfrac{\xi}{q}\ln N, & \xi \in [0,q], \\[3mm] 1 - \left(1 - \dfrac{\sigma\varepsilon}{\beta}\ln N\right)\dfrac{1-\xi}{1-q}, & \xi \in [q,1]. \end{cases} \tag{1.1.5}$$

与 Bakhvalov 网格及 Vulanović 提出的修正的 Bakhvalov 网格不同, Shishkin 网格的网格产生函数只具有分段一阶连续导数, 并依赖于节点数 N. 为简便起见, 假设 $q \geqslant \lambda$; 否则 $N = O\left(\exp\left(\dfrac{1}{\varepsilon}\right)\right)$, 故用等距网格即可求解此类问题.

尽管与 Bakhvalov 网格相比较, Shishkin 网格结构简单, 并且由它所构造的数值方法易于分析, 但是在 Shishkin 网格上得到的数值解的误差界不如在 Bakhvalov 网格上得到的数值解的误差界来得好. 例如, 简单迎风差分格式在 Shishkin 网格上的误差估计为

$$\|u - U\|_{\infty,\omega} \leqslant CN^{-1}\ln N, \tag{1.1.6}$$

与式 (1.1.4) 相比, 误差界要相差因子 $\ln N$.

为了弥补这个不足, 许多科研工作者不断地改进 Shishkin 网格. Vulanović[9] 提出引进更多的网格过渡点:

$$\lambda_0 = 1 \geqslant \lambda_1 = \frac{\sigma\varepsilon}{\beta}\ln N \geqslant \lambda_2 = \frac{\sigma\varepsilon}{\beta}\ln\ln N \geqslant \cdots \geqslant \lambda_l = \frac{\sigma\varepsilon}{\beta}\underbrace{\ln\ln\cdots\ln}_{l} N \geqslant \lambda_{l+1} = 0,$$

并在每个子区间 $[\lambda_{i+1}, \lambda_i]$ $(i = 0, \cdots, l)$ 上进行等分. 则在此网格上的迎风差分格式可以提高收敛速度

$$\left\| u - u^N \right\|_{\infty,\omega} \leqslant CN^{-1} \underbrace{\ln \ln \cdots \ln}_{l} N. \tag{1.1.7}$$

Linß[10,11] 提出在 $[0,\lambda]$ 上采用 Bakhvalov 网格 (取 $\tau = \lambda$), 而在区间 $[\lambda, 1]$ 上采用等距网格, 则迎风差分格式在此网格上的误差估计为

$$\left\| u - u^N \right\|_{\infty,\omega} \leqslant C(\varepsilon + N^{-1}). \tag{1.1.8}$$

把具有过渡点 $\lambda = \dfrac{\sigma\varepsilon}{\beta} \ln N$ 及在 $[\lambda, 1]$ 上等距的网格称为 Shishkin 网格, 简称为 S 网格. Roos 和 Linß[12] 对 S 网格进行了归纳, 得出 S 网格由下面的网格产生函数生成

$$\varphi(\xi) = \begin{cases} \dfrac{\sigma\varepsilon}{\beta}\tilde{\varphi}(\xi), & \xi \in [0, q], \\ 1 - \left(1 - \dfrac{\sigma\varepsilon}{\beta} \ln N\right) \dfrac{1-\xi}{1-q}, & \xi \in [q, 1], \end{cases} \tag{1.1.9}$$

其中函数 $\tilde{\varphi}(\xi)$ 在区间 $[0, q]$ 上单调递增, 并且满足 $\tilde{\varphi}(0) = 0$, $\tilde{\varphi}(q) = \ln N$. 引进网格特征函数 $\psi(\xi) = \exp(-\tilde{\varphi}(\xi))$, 此函数在区间 $[0, q]$ 上单调递减, 且满足 $\Psi(0) = 1, \Psi(q) = N^{-1}$.

例如: Shishkin 网格 [7,8]

$$\Psi(\xi) = \exp\left(-\dfrac{\xi \ln N}{q}\right), \quad \max_{\xi \in [0,1]} |\Psi'(\xi)| = \dfrac{\ln N}{q}; \tag{1.1.10}$$

Bakhvalov-Shishkin 网格 [10,11]

$$\Psi(\xi) = 1 - \left(1 - \dfrac{1}{N}\right)\dfrac{\xi}{q}, \quad \max_{\xi \in [0,1]} |\Psi'(\xi)| = \dfrac{1}{q}\left(1 - \dfrac{1}{N}\right) \leqslant \dfrac{1}{q}. \tag{1.1.11}$$

1.1.3 Graded 网格

Graded 网格是另一种非一致网格, 中文翻译有等级、分层两种. 已有文献 [13—17] 研究了有限元法结合 Graded 网格求解奇异摄动问题. 比如, 谢资清、张智民等[14] 使用局部间断的 Galerkin 有限元法求解一维和二维对流扩散模型, 获得了一致超收敛的数值结果. 文献 [16] 给出了流线扩散有限元法在分层网格求解一维对流扩散问题的收敛性分析.

与 1.1.1 小节记号一样, 记过渡点 τ 为转换点, 边界层厚度为 $O(\tau) = O(\varepsilon \ln N)$ 数量级. 可见, 当摄动系数 ε 很小时, 即便剖分数 N 很大, 边界层厚度依然会较小, 解在该区域内可能剧烈跳跃或扰动振荡. 以一维单位区间 $I = [0, 1]$ 为例, 设边界层靠近左端 $x = 0$, 可将区间分解为 $I_1 = [0, \tau]$, $I_2 = [\tau, 1]$; 设边界层靠近右端 $x = 1$, 可将区间分解为 $I_1 = [0, 1 - \tau]$, $I_2 = [1 - \tau, 1]$. 在整个区间将剖分数 N 对半分, 即左右两区间分别用 $N/2$ 进行网格剖分. 设左右两端都出现边界层, 可分解为三部分 $I_1 = [0, \tau]$, $I_2 = [\tau, 1 - \tau]$, $I_3 = [1 - \tau, 1]$.

依据网格生成函数的选取, 可以形成加倍密化或随奇性自适应产生的节点及其分布. 需要说明的是, 前者剖分数 N 可事先设定, 后者 N 自适应生成, 都与摄动系数 ε 的大小有关. 下面分别讨论.

Graded 等级网格参见文献 [14]. 设边界层靠近左端 $x = 0$, 则节点 x_i 定义为

$$x_i = \begin{cases} \tau \left(\dfrac{2i}{N} \right)^{\mu}, & i = 0, \cdots, \dfrac{N}{2}, \\[3mm] \tau + \dfrac{2(1 - \tau)\left(i - \dfrac{N}{2} \right)}{N}, & i = \dfrac{N}{2} + 1, \cdots, N. \end{cases} \tag{1.1.12}$$

其中, 指数 $\mu \geqslant 1$ 为正整数. 我们知道, 当 $\mu = 1$ 时等级网格退化为 Shishkin 网格, 而且随着 μ 的增大, 等级网格在靠近左端边界层越来越呈现指数级密化, 这样有利于捕捉边界层的微观信息; 而在光滑区间即为常规 Shishkin 网格. 若是二维情形, 可类似定义节点 y_j,

$$y_j = \begin{cases} \tau \left(\dfrac{2j}{N} \right)^{\mu}, & j = 0, \cdots, \dfrac{N}{2}, \\[3mm] \tau + \dfrac{2(1 - \tau)\left(j - \dfrac{N}{2} \right)}{N}, & j = \dfrac{N}{2} + 1, \cdots, N. \end{cases}$$

若是三维情形, 可类似再定义节点 z_k.

不同的是, 设边界层靠近右端 $x = 1$, 则节点 x_i 定义为

$$x_i = \begin{cases} \dfrac{2(1 - \tau)i}{N}, & i = 0, \cdots, \dfrac{N}{2}, \\[3mm] 1 - \tau \left(\dfrac{2(N - i)}{N} \right)^{\mu}, & i = \dfrac{N}{2} + 1, \cdots, N. \end{cases} \tag{1.1.13}$$

随着 μ 的增大, 网格在靠近右端越来越呈现指数级密化. 若是二维情形, 可类似定义节点 y_j,

$$y_j = \begin{cases} \dfrac{2(1-\tau)j}{N}, & j = 0, \cdots, \dfrac{N}{2}, \\[3mm] 1 - \tau\left(\dfrac{2(N-j)}{N}\right)^{\mu}, & j = \dfrac{N}{2} + 1, \cdots, N. \end{cases}$$

式 (1.1.12)、式 (1.1.13) 称为 x-方向的 Graded 等级网格, 其特点是剖分数 N 事先设定, 再偶数倍加密形成离散网格, 在此基础上利用数值计算方法求出奇异摄动问题的有效数值解.

此外, Graded 分层网格参见文献 [16]. 设边界层靠近左端 $x = 0$, 则节点 x_i 定义为

$$x_i = \begin{cases} 0, & i = 0, \\[1mm] i\omega h\varepsilon, & 1 \leqslant i \leqslant \left\lfloor \dfrac{1}{\omega h} \right\rfloor + 1, \\[3mm] (1+\omega h)x_{i-1}, & \left\lfloor \dfrac{1}{\omega h} \right\rfloor + 2 \leqslant i \leqslant N-1, \\[3mm] 1, & i = N, \end{cases} \qquad (1.1.14)$$

其中 $0 < h < 1,\ \omega > 0$ 为网格生成初始函数, $\lfloor\ \rfloor$ 为保底取整. 可知由迭代公式 (1.1.14) 从左至右生成节点分布, 但 N 不再是预先设定, 而是需满足条件 $x_{N-1} < 1$ 且 $(1+\omega h)x_{N-1} \geqslant 1$ 迭代算出的正整数. 因小参数 ε 的存在, (1.1.14) 形成左密右疏的网格剖分, 利于捕捉左端边界层情形. 类似可再定义高维空间节点 $y_j,\ z_k$.

设边界层靠近右端 $x = 1$ 时, 一种更便捷的途径是不再消耗迭代计算, 而在 MATLAB 环境使用命令 ones-fliplr 将整体 ones 数组减去左右已有节点坐标, 从而形成节点位置左右互换, 可直接得到右密左疏的网格剖分, 用于捕捉右端边界层情形.

式 (1.1.14) 称为 x-方向的 Graded 分层网格, 其特点是 N 依赖于参数 ε, ω, h, 且由迭代公式自适应地生成剖分数及其节点分布, 在此基础上利用数值计算方法求解奇异摄动问题.

1.1.4 最优网格

关于网格剖分的方法中, 最引人瞩目的是 Shishkin 网格, 这是一种最简单的分片等距网格. Shishkin 网格具有一致收敛性 [7]. 在文献 [7] 中, 作者构造了一种所谓的最优网格, 在该网格剖分下, 原方程解的插值投影误差在能量范数的意义下具有最优的收敛阶, 因而用有限元法求得方程的近似解具有最优收敛阶. 其基本思想是对求解区域进行非等距剖分, 使得解的插值投影误差在每个子区间上相等, 从而解的投影误差在整个求解区域上具有不依赖于参数 ε 的最优一致收敛性.

考虑区间 $I := [0,1]$ 上的二阶奇异摄动两点边值问题

$$(L_\varepsilon u)(x) = f(x), \quad x \in (0,1), \tag{1.1.15}$$

$$u(0) = u(1) = 0, \tag{1.1.16}$$

其中, $(L_\varepsilon u)(x) := -\varepsilon^2 u''(x) + q(x)u(x)$.

方程 (1.1.15) 的解 u 可以写成

$$u = E + F + G, \tag{1.1.17}$$

其中函数 E, F, G 是充分光滑的函数, 使得对于任意的 $x \in I$ 和 $j \in \{1, 2, \cdots\}$,

$$\begin{aligned}
|G^{(j)}(x)| &\leqslant c, \\
|E^{(j)}(x)| &\leqslant c\varepsilon^{-j} \mathrm{e}^{\alpha x/\varepsilon}, \\
|F^{(j)}(x)| &\leqslant c\varepsilon^{-j} \mathrm{e}^{\alpha(1-x)/\varepsilon}.
\end{aligned} \tag{1.1.18}$$

基于估计式 (1.1.18), 引进步长生成函数

$$h^0(x) := \frac{\varepsilon}{N} \mathrm{e}^{\frac{\alpha x}{4\varepsilon}}. \tag{1.1.19}$$

选取步长 $h_i, i \in \mathbb{N}_{\tilde{N}}$, 使得

$$h_i \leqslant \min\left\{h^0(x_{i-1}), h^0(1-x_{i-1}), 1/N\right\}, \tag{1.1.20}$$

以及

$$\tilde{N} \leqslant cN, \tag{1.1.21}$$

具有性质 (1.1.20) 和 (1.1.21) 的网格称为最优网格. 构造最优网格的基本思想是: 使得误差函数在每个子区间上是均等分布的, 从而使近似解在整个区间上具有最优一致收敛阶.

1.2 奇异摄动数值方法

1.2.1 有限差分法

有限差分法是求解微分方程数值解的主要方法之一. 在求解奇异的摄动问题中, 有限差分法分为拟合因子法和拟合网格法.

拟合因子法是指在差分格式中引进拟合因子, 根据精确解的性质对差分算子进行拟合.

Il'in[18] 针对对流占优的二阶微分方程

$$\varepsilon\Delta u + \sum_{i=1}^{n} a_i(x)\frac{\partial u}{\partial x_i} + c(x)u = f(x) \tag{1.2.1}$$

提出了拟合因子为 $\gamma_i(x) = \dfrac{a_i(x)h}{2}\coth\dfrac{a_i(x)h}{2\varepsilon}$ 的差分格式, 并证明了具有 $O(h)$ 的 ε 一致收敛.

Surla[19] 针对问题

$$\begin{cases} -\varepsilon y'' + q(x)y = f(x), \\ y(0) = a_0, \quad y(1) = a_1 \end{cases} \tag{1.2.2}$$

构造了具有二阶精度一致收敛的指数拟合样条差分格式.

因拟合因子差分格式不能有效地推广到高维问题, 近年来的研究工作进展不大, 有关这方面的内容请参阅文献 [20—22].

拟合网格法是指根据精确解的性质, 采用自适应网格, 即在精确解变化剧烈的区域采用加密网格, 而在其他区域则采用粗网格, 对于差分格式则仍可采用经典格式.

早在 20 世纪 60 年代, Bakhvalov 就引入网格生成函数构造特殊网格求解奇异摄动问题[23]. 80 年代中后期, Gartland 和 Vulanović 给出了在特殊网格上的奇异摄动问题的差分格式, 得到的数值解关于 ε 是一致收敛的[6,24]. Linß[10], Stynes[25] 和 Roos[12] 给出了基于 Shishkin 网格的一致收敛格式. 拟合网格法已成为近年来研究奇异的摄动问题的主流方法.

1.2.2 有限元法和有限体积法

有限元法的基础是变分原理, 其基本求解思想是把计算域划分为有限个互不重叠的单元, 在每个单元内, 选择一些合适的节点作为求解函数的插值点, 将微分方程中的变量改写成由各变量或其导数的节点值与所选用的插值函数组成的线性表达式, 借助于变分原理, 将微分方程离散求解. 采用不同的权函数和插值函数形式, 便构成不同的有限元法.

与有限差分法类似, 求解奇异摄动问题的有限元法需采用特殊的网格剖分. Zienkiewicz[26] 应用 Petro-Galerkin 法求解奇异摄动反应–扩散方程; Linß[27] 提出了基于 Shishkin 网格的求解奇异摄动 Galerkin 有限元法. Sun 和 Stynes[28,29] 给出了基于分片多项式逼近高阶椭圆两点边值奇异摄动问题的有限元法, 得到了几乎最优的一致收敛性结果. 他们的结果说明: 基于 Shishkin 网格的传统有限元法对于解高阶的奇异摄动问题是有效的. Roos 和 Linsß 还研究了迎风差分格式和广义 Shishkin 网格上的 Galerkin 法, 给出了近似解收敛时, 网格刻画函数应满足的充分条件 [12].

用标准的 Galerkin 有限元法求解奇异摄动以及边界层问题 [30,31], 往往出现边界层特征的急剧变化、振荡现象与分辨率低等缺点. 因此近年来人们关于这类数值方法的研究, 大都倾向各种非标准的有限元法, 如有限体积法、特征有限元法及最小二乘有限元等 [32].

有限体积法是在有限差分法的基础上, 吸收了有限元法的优点 (主要是变分形式和有限元空间) 发展起来的新型数值方法, 它兼有有限元法和有限差分法的优点. 传统的差分方法, 大多数是在矩形一类规则剖分下通过差分逼近方法建立的. 也有过利用积分插值法建立三角网格上的差分格式的尝试, 但并未受到重视. 在以变分原理为基础的有限元出现以后, 李荣华教授利用对偶剖分及在其上面恰当地选取有限元空间, 将积分插值法改造, 推广为变分形式的离散格式, 称为有限体积法, 也称为广义差分法, 它可以看成一种广义的 Galerkin 法, 或者 Petrov-Galerkin 法. 这类方法的构造及其性质介于有限元法和有限差分法之间, 是求解偏微分方程的特别是流体力学方程的重要方法.

1.2.3 多尺度方法

多尺度方法是建立在渐近分析基础上, 且与数值方法相结合的一种边界层函数方法, 能很好地解决超薄边界层的计算问题 [33,34].

多尺度方法的主要思想是将奇异摄动问题的解 $u(x)$ 分解成几个解的和. 它们分别具有不同的尺度. 即: 若边界层或过渡层位于 x_0, 其宽度为 $O(\varepsilon)$, 则可引进边界层或过渡层变量 $\xi = \dfrac{x - x_0}{\varepsilon}$, $u(x)$ 可分解成 $u(x) = w(x) + v(\xi)$, 其中 $w(x)$ 可视为 $\varepsilon \to 0$ 时的退化解. 分别导出 $w(x)$ 与 $v(\xi)$ 所满足的微分方程与边界条件, 并用数值方法求解, 从而求出 $u(x)$. 这一方法优点在于由于 $w(x)$ 与 $v(\xi)$ 所满足的方程均与 ε 无关, 故可以较为方便地计算出 $w(x)$ 与 $v(\xi)$, 当小参数 ε 很小时, 仍可以计算出很准确的解, 其缺点是当遇到较为复杂的问题时, 解的分解不容易操作.

参 考 文 献

[1] O'Malley R E. Introduction to Singular Perturbations. New York: Academic Press, 1974.

[2] 苏煜城. 奇异摄动中的边界层校正法. 上海: 上海科学技术出版社, 1983.

[3] Bakhvalov N S. Towards optimization of the methods for solving boundary value problems in the presence of boundary layers. Zh. Vychisl. Mati. Mat. Fiz., 1969, 9: 841-859.

[4]   Liseikin V D, Yanenko N N. On the numerical solution of equations with interior and exterior boundary layers on a nonuniform mesh. BALL III, Proc. 3rd Int. Conf. Boundary and interior layers, Dublin/Ireland, 1984: 68-80.

[5]   Boglaev I P. Approximate solution of a non-linear boundary value problem with a small parameter for the highest-order differential. Comput. Math. Math. Phys., 1984, 24: 30-35.

[6]   Gartland E C. Graded-mesh difference schemes for singularly perturbed two-point boundary value problems. Math. Comp., 1988, 51(184): 631-657.

[7]   Miller J J H, O'Riordan E, Shishkin G I. Fitted Numerical Methods For Singular Perturbation Problems: Error Estimates in the Maximum Norm for Linear Problems in One and Two Dimensions. Singapore: World Scientific, 1996.

[8]   Shishkin G I. Discrete approximation of singularly perturbed elliptic and parabolic equations(Russian). Second doctorial thesis, Keldysh Institute, Moscow, 1990.

[9]   Vulanović R. A priori meshes for singularly perturbed quasilinear two-point boundary value problems. IMA J. Numer. Anal., 2001, 21: 349-366.

[10] Linß T. An upwind difference scheme on a novel Shishkin-type mesh for a linear convection-diffusion problem. J. Comput. Appl. Math., 1999, 110: 93-104.

[11] Linß T. Analysis of a Galerkin finite element method on a Bakhvalov-Shishkin mesh for a linear convection-diffusion problem. IAM J. Numer. Anal., 2000, 20: 426-440.

[12] Roos H G, Linß T. Sufficient conditions for uniform convergence on layer adapted grids. Computing, 1999, 63: 27-45.

[13] Durán R G, Lombardi A L. Finite element approximation of convection diffusion problems using graded meshes. Appl. Numer. Math., 2006, 56: 1314-1325.

[14] Xie Z Q, Zhang Z Z, Zhang Z M. A numerical study of uniform superconvergence of LDG method for solving singularly perturbed problems. J. Comput. Math., 2009, 27(2-3): 280-298.

[15] Roos H G, Teofanov L, Uzelac Z. Graded meshes for higher order FEM. J. Comput. Math., 2015, 33(1): 1-16.

[16] 尹云辉, 祝鹏, 杨宇博. 流线扩散有限元方法在分层网格上的收敛性分析. 计算数学, 2015, 37(1): 83-91.

[17] Xenophontos C, Franz S, Ludwig L. Finite element approximation of convection-diffusion problems using an exponentially graded mesh. Comput. Math. Appl., 2016, 72: 1532-1540.

[18] Il'in A M. Differencing scheme for a differential equation with a small parameter affecting the highest derivative (Russian). Mat. Zametki, 1969, 6: 237-248.

[19] Surla K. A uniformly convergent spline difference scheme for a singularly perturbed self-adjoint problem on nonuniform mesh. Z. Angew. Math. Mech., 1988, 68(5): 420-422.

[20] Gartland E C. Graded-mesh difference schemes for singularly perturbed two-point boundary value problems. Math. Comp., 1988, 51: 631-657.

[21] Miller J J H. Boundary and interior layers-computational and asymptotic methods. Proceedings of BAIL I Conference, Dublin: Boole Press, 1980.

[22] Shaidurov V V, Tobiska L. Special integration formulas for a convection-diffusion problem. EAST-WEST J. Num. Math., 1995, 3: 281-299.

[23] Bakhvalov N S. Koptimizacii methdov resenia kraevyh zadac prinalicii pograni-cnogo sloja. Zh. Vychisl. Mat. Mat. Fiz., 1969, 9: 841-859.

[24] Vulanović R. Non-equidistant generalizations of the Gushchin-Shchennikov scheme. Z. Angew. Math. Mec., 1987, 67: 625-632.

[25] Stynes M, Roos H G. The midpoint upwind scheme. Appl. Numer. Math., 1997, 23: 361-374.

[26] Zienkiewicz O C, Gallagher R H, Hood P. Newtonian and Non-Newtonian Viscous Incompressible Flow, Temperature Induced Flows, Finite Element Solutions. London: Academic Press, 1975: 235-267.

[27] Linß T. Uniform superconvergence of a Galerkin finite element method on Shishkin-type meshes. Numer. Methods Partial Differential Equations, 2000, 16(5): 426-440.

[28] Sun G F, Stynes M. Finite element methods for singularly perturbed high-order elliptic two-point boundary problems, I: Reaction-diffusion-type problems. IMA J. Numer. Anal., 1995, 15(1): 117-139.

[29] Sun G F, Stynes M. Finite element methods for singularly perturbed high-order elliptic two-point boundary value problems, II: Convection-diffusion-type problems. IMA J. Numer. Anal., 1995, 15(2): 197-219.

[30] Hou L, Paris R, Wood A D. The resistive interchange mode in the presence of equilibrium flow. Physics of Plasmas, 1996, 3(2): 473-481.

[31] Hou L, Harwood R. Non-linear properties in Newtonian and non-Newtonian equations. Nonlinear Analysis, 1997, 30(4): 2497-2505.

[32] Zhou S L, Hou L. A weighted least-squares finite element method for Phan-Thien-Tanner viscoelastic fluid. J. Math. Anal. Appl., 2016, 436(1): 66-78.

[33] Xie F, Wang J, Zhang W J, He M. A novel method for a class of parameterized singularly perturbed boundary value problems. J. Comput. Appl. Math., 2008, 213(1): 258-267.

[34] Du L L, Wu X H, Chen S Q. A novel mathematical modeling of multiple scales for a class of two dimensional singular perturbed problems. Appl. Math. Model., 2011, 35(9): 4589-4602.

第 2 章　奇异摄动问题的拟合因子法

2.1　问 题 概 述

拟合因子法, 又称为 Il'in 计算方法, 是首个一致收敛的计算方法. 它的特点如下:

(1) 将奇异摄动的解析解分解为奇性部分和非奇性部分. 这一重要的分离步骤, 为一致收敛计算方法的证明提供了理论保证.

(2) 拟合因子是网格步长 h 和小参数 ε 的双曲余切函数.

(3) 拟合因子是一个等步长的计算方法, 容易编写程序.

本章介绍拟合因子法的研究工作, 主要内容简述如下.

2.2 节主要介绍解析解 $u(x)$ 的奇性分离, 这是数值研究的重要理论基础. 可以说不同的奇性分离带来了不同的计算结果. Kellogg[1] 将解析解 $u(x)$ 分解为奇性部分 $v(x)$ 和光滑部分 $z(x)$, 其中 $v(x)$ 是奇性函数 $\mathrm{e}^{-\frac{q(0)x}{p(0)\varepsilon}}$, $z(x)$ 是 "较光滑" 部分或 "非奇性" 部分.

2.3 节介绍在等距网格空间上构造拟合网格差分格式及离散拟合因子 $\sigma(x_i, \rho)$.

在拟合因子法的证明过程中, 前人积累了大量重要的不等式, 本书在 2.4 节做了全面总结, 列出 14 个重要的不等式.

另外, 拟合因子在计算方法中起着重大的作用. 本章的拟合因子 $\sigma(x_i, \rho)$ 比文献 [1] 中的拟合因子复杂, 所以专门在 2.4 节中讨论它的一些性质. 我们将通过连续函数 $S(x, \rho)$ 来研究离散拟合因子, 得到 8 个与离散拟合因子相关的引理.

一致收敛的差分格式必须满足离散极值原理等. 构造具有对角占优矩阵的差分格式就可拥有这一原理. 2.5 节证明了所构造的差分格式满足离散极值原理.

为了证明差分算子 L^N 的 ε 一致稳定结果, 我们在 2.5 节中多次将差分算子作用于函数 $V(x) = \mathrm{e}^{-\frac{a^*x}{\varepsilon}}$ 和 $W(x) = \mathrm{e}^{-\frac{a^*(x-h)}{\varepsilon}}$. 我们在引理 2.5.2 和引理 2.5.3 中专门采用一定的技巧, 对它们进行估计, 以利于 2.6 节的证明.

本章的主要结论是: 所构造的差分格式具有一阶一致收敛性. 我们无法直接证明这个结论. 我们先通过奇性部分 $v(x)$ 定义差分格式 $V(x_i)$, 证明 $V(x_i)$ 一阶一致收敛于 $v(x)$. 然后通过光滑部分 $z(x)$ 定义差分格式 $Z(x_i)$, 并证明 $Z(x_i)$ 一阶一致收敛于 $z(x)$. 综合上述两个证明结果, 我们得到拟合因子差分格式具有一阶一致收敛性的结论.

由于光滑部分 $z(x)$ 未知, 因此无法计算由它定义的 $Z(x_i)$. 另外, 定理 2.2.1 中 $s = -\varepsilon u'(0)\dfrac{q(0)}{p(0)}$ 也是未知量, 我们不能通过 $V(x_i)$ 和 $Z(x_i)$ 得到数值解 $U(x_i)$. 引入 $V(x_i)$ 和 $Z(x_i)$ 完全是为了证明的需要, 这是读者应该注意的地方.

拟合因子法是奇异摄动问题计算方法中的一个重要方法, 在 2.7 节通过计算实例来体现一致收敛性. 我们在此对一些计算现象给予解释, 并对其计算效果进行评估. 值得一提的是, 有些分析并无理论根据, 仅仅是作者个人计算经验的总结.

本章的内容参考了参考文献中所列的奇异摄动领域各位专家的工作. 为此, 作者在此向各位专家的开创性贡献表示感谢. 在拟合因子计算方法中做出贡献的专家有南京大学的苏煜城、吴启光教授, 福州大学的林鹏程、郭雯、蔡新教授等.

2.2 守恒型奇异摄动常微分方程的奇性分离

在 $\overline{\Omega} = [0, 1]$ 区间内考虑如下守恒型奇异摄动问题 (P_ε):

$$Lu(x) = \varepsilon\left(p(x)u'(x)\right)' + \left(q(x)u(x)\right)' + r(x)u(x) = f(x), \quad x \in \Omega, \qquad (2.2.1)$$

$$u(0) = u_0, \qquad (2.2.2)$$

$$u(1) = u_1, \qquad (2.2.3)$$

其中 $0 < \varepsilon \ll 1$, 即 ε 为远小于 1 的正参数, $\Omega = (0, 1)$. 函数 $p(x)$, $q(x)$ 和 $r(x)$ 分别满足如下条件:

$$\overline{\alpha} > p(x) > \alpha > 0, \quad \overline{\beta} > q(x) > \beta > 0, \quad r(x) \leqslant 0,$$

$$\overline{p} > p'(x) \geqslant 0, \quad q'(x) \leqslant 0, \qquad (2.2.4)$$

上述奇异摄动问题 (P_ε) 在 $x = 0$ 处出现边界层现象.

文献 [2,8] 已经对方程 $\varepsilon u''(x) + a(x)u'(x) - b(x)u(x) = f(x)$ 进行了理论研究, 为便于利用文献 [2,8] 的一些结论, 我们对 $Lu(x)$ 进行简单计算

$$Lu(x) = \varepsilon p(x)u''(x) + p(x)a(x, \varepsilon)u'(x) - p(x)b(x)u(x) = f(x), \qquad (2.2.5)$$

其中

$$a(x, \varepsilon) = \frac{\varepsilon p'(x) + q(x)}{p(x)}, \qquad (2.2.6)$$

$$b(x) = -\frac{q'(x) + r(x)}{p(x)}, \qquad (2.2.7)$$

根据 (2.2.4) 可估计

$$A^* > a(x,\varepsilon) > 2a^* > 0, \quad b(x) \geqslant 0, \tag{2.2.8}$$

其中 $A^* = \max\limits_{x\in\overline{\Omega}} \dfrac{p'(x) + q(x)}{p(x)}$, $a^* = \min\limits_{x\in\overline{\Omega}} \dfrac{q(x)}{2p(x)}$.

为了方便引用文献 [1,2,8] 的研究结果, 引入新的算子.

新算子 L_1 定义如下:

$$L_1 u(x) = \varepsilon u''(x) + a(x,\varepsilon)u'(x) - b(x)u(x) = \frac{f(x)}{p(x)}. \tag{2.2.9}$$

显然守恒型奇异摄动问题 (P_ε) 与 (2.2.9),(2.2.2),(2.2.3) 等价.

类似于文献 [2,8], 可得如下 4 个引理.

引理 2.2.1   设 $u(x)$ 是守恒型奇异摄动问题 (P_ε) 的解, 若 $u(x)$ 在 $\overline{\Omega} = [0,1]$ 内为非恒定常数的光滑函数, 且满足

$$Lu(x) \leqslant 0, \quad x \in \Omega, \tag{2.2.10}$$

$$u(0) \geqslant 0, \tag{2.2.11}$$

$$u(1) \geqslant 0, \tag{2.2.12}$$

则对任何 $x \in \overline{\Omega}$, 有 $u(x) \geqslant 0$.

证明   采用反证法, 容易证明当 $Lu(x) \leqslant 0$ 时, $u(x)$ 不可能在 $\Omega = (0,1)$ 取到非正最小值. 由引理条件可得 $u(x) \geqslant 0$ 对任何 $x \in \overline{\Omega}$ 恒成立.   证毕.

引理 2.2.2   若 $|Lu(x)| \leqslant k\left(1 + \varepsilon^{-1}\mathrm{e}^{-\frac{a^* x}{\varepsilon}}\right)$, $|u(0)| \leqslant k_0$, $|u(1)| \leqslant k_1$, 则对任何 $x \in \overline{\Omega}$, 有

$$|u(x)| \leqslant c,$$

其中 $c > 0$ 与 ε 无关.

证明   构造相应的闸函数 $\Phi(x) = c_1 + c_2 \mathrm{e}^{-\frac{a^* x}{\varepsilon}} \pm u(x)$.

考虑到 $L\mathrm{e}^{-\frac{a^* x}{\varepsilon}} \leqslant -c\varepsilon^{-1}\mathrm{e}^{-\frac{a^* x}{\varepsilon}}$, 取充分大的正常数 c_1 和 c_2, 可证明

$$L\Phi(x) \leqslant 0, \quad x \in \Omega,$$

$$\Phi(0) \geqslant 0,$$

$$\Phi(1) \geqslant 0.$$

由引理 2.2.1 可知: 当 $x \in \overline{\Omega}$ 时, $\Phi(x) \geqslant 0$. 因此对任何 $x \in \overline{\Omega}$, 有 $u(x) \geqslant 0$. 证毕.

引理 2.2.3 对于任何正整数 j, 若

$$\left|(Lu(x))^{(i)}\right| \leqslant k\left(1 + \varepsilon^{-i-1}\mathrm{e}^{-\frac{a^*x}{\varepsilon}}\right), \quad i = 0, 1, \cdots, j, \tag{2.2.13}$$

$$|u(0)| \leqslant k_0, \quad |u(1)| \leqslant k_1, \tag{2.2.14}$$

则对 $0 \leqslant i \leqslant j+1$, 有

$$\left|u^{(i)}(0)\right| \leqslant c\varepsilon^{-i},$$

其中 $c > 0$ 与 ε 无关.

证明 参见文献 [1] 中的引理 2.2 的证明. 证毕.

引理 2.2.4 对于任何正整数 j, 若

$$\left|(Lu(x))^{(i)}\right| \leqslant k\left(1 + \varepsilon^{-i-1}\mathrm{e}^{-\frac{a^*x}{\varepsilon}}\right), \quad i = 0, 1, \cdots, j, \tag{2.2.15}$$

$$|u(0)| \leqslant k_0, \quad |u(1)| \leqslant k_1, \tag{2.2.16}$$

则对任何 $x \in \overline{\Omega}$, $0 \leqslant i \leqslant j+1$, 有

$$\left|u^{(i)}(x)\right| \leqslant c\left(1 + \varepsilon^{-i}\mathrm{e}^{-\frac{a^*x}{\varepsilon}}\right),$$

其中 $c > 0$ 与 ε 无关.

证明 参见文献 [1] 中的引理 2.3 的证明. 证毕.

本节任务是在理论上对解析解 $u(x)$ 进行分析估计. 根据引理 2.2.1—引理 2.2.4, 可以将解析解 $u(x)$ 分解为奇性部分 $v(x)$ 和光滑部分 $z(x)$, 并对这两部分进行估计分析.

定理 2.2.1 守恒型奇异摄动问题 (P_ε) 的解 $u(x)$ 满足

$$u(x) = sv(x) + z(x), \tag{2.2.17}$$

其中

$$v(x) = \mathrm{e}^{-\frac{q(0)x}{p(0)\varepsilon}} \tag{2.2.18}$$

是奇性部分,

$$s = -\varepsilon u'(0)\frac{q(0)}{p(0)}$$

是有界常数, $z(x)$ 是 "较光滑" 部分或 "非奇性" 部分, 且满足对于任意正整数 i, 有

$$\left|z^{(i)}(x)\right| \leqslant k\left(1 + \varepsilon^{-i+1}\mathrm{e}^{-\frac{a^*x}{\varepsilon}}\right). \tag{2.2.19}$$

证明 根据引理 2.2.3 可知: $|s| \leqslant c$.

根据 (2.2.17) 可知, $z'(x) = u'(x) - sv'(x)$.

直接计算得: $z'(0) = 0$, $|z'(1)| \leqslant c$. $\qquad\qquad\qquad\qquad\qquad$ (2.2.20)

定义算子 L_2 如下:

$$L_2 u(x) = \varepsilon u''(x) + E(x)u'(x) + F(x)u(x), \qquad\qquad (2.2.21)$$

其中

$$E(x) = \frac{p(x)}{q(x)} > \frac{\beta}{\bar{\alpha}} > 0,$$

$$F(x) = \frac{q'(x)p(x) - q(x)p'(x)}{p^2(x)} + \frac{q'(x) + r(x)}{p(x)} \leqslant 0.$$

令 $\Phi(x) = p(x)z'(x)$, 则

$$L_2 \Phi(x) = G(x), \qquad\qquad\qquad\qquad (2.2.22)$$

$$|\Phi(x_0)| \leqslant k_0, \quad |\Phi(x_1)| \leqslant k_1, \qquad\qquad\qquad (2.2.23)$$

其中, $G(x) = (Lz(x))' - (q''(x) + r'(x))z(x)$ 满足

$$\left| G^{(i)}(x) \right| \leqslant k \left(1 + \varepsilon^{-i-1} \mathrm{e}^{-\frac{a*x}{\varepsilon}} \right). \qquad\qquad (2.2.24)$$

类似于算子 L, L_2 也有相应的引理 (引理 2.2.1—引理 2.2.4). 因为 $\Phi(x)$ 满足引理 2.2.4 的条件, 因此有 $|\Phi(x)| \leqslant k \left(1 + \varepsilon^{-i} \mathrm{e}^{-\frac{a*x}{\varepsilon}} \right)$.

考虑到 $\Phi(x) = p(x)z'(x)$, 用数学归纳法容易证明: 对于任意正整数 i, $|z^{(i)}(x)| \leqslant k \left(1 + \varepsilon^{-i+1} \mathrm{e}^{-\frac{a*x}{\varepsilon}} \right)$ 成立.$\qquad\qquad\qquad\qquad\qquad\qquad$证毕.

2.3   差 分 格 式

在区间 $\overline{\Omega} = [0,1]$ 上进行 N 等分, 其步长 $h = \dfrac{1}{N}$. 令 $\overline{\Omega}_i = \{x_i | x_i = ih, 0 \leqslant i \leqslant N\}$, $\Omega_i = \{x_i | x_i = ih, 0 < i < N\}$. 在网格空间 $\overline{\Omega}_i$ 上构造拟合网格差分格式 (P_ε^N):

$$L^N U(x_i) = \varepsilon \delta\left(\sigma(x_i, \rho)p(x_i)\delta U(x_i)\right) + D_0\left(q(x_i)U(x_i)\right) + r(x_i)U(x_i)$$

$$= f(x_i), \quad x_i \in \Omega_i, \qquad\qquad\qquad (2.3.1)$$

$$B_0^N U(0) = u_0, \qquad\qquad\qquad\qquad (2.3.2)$$

$$B_1^N U(1) = u_1, \qquad\qquad\qquad\qquad (2.3.3)$$

其中

$$R(x) = \frac{q(x - 0.5h)}{2p(x)}, \quad x \in \left(\frac{h}{2}, 1 - \frac{h}{2}\right),$$

$$S(x, \rho) = R(x)\rho \coth\left(R(x)\rho\right), \quad x \in \left(\frac{h}{2}, 1 - \frac{h}{2}\right),$$

$$\delta U(x_i) = \frac{U(x_{i+0.5h}) - U(x_{i-0.5h})}{h},$$

$$D_0\left(q(x_i)U(x_i)\right) = \frac{q(x_{i+1})U(x_{i+1}) - q(x_{i-1})U(x_{i-1})}{2h}.$$

注 2.3.1　$\sigma(x_i, \rho)$ 是拟合因子, 我们将通过连续函数 $S(x, \rho)$ 来讨论拟合因子.

差分格式 (P_ε^N) 可进一步改写成矩阵形式

$$AU = F, \tag{2.3.4}$$

其中

$$U = (U(x_0), U(x_1), \cdots, U(x_N))^{\mathrm{T}}, \tag{2.3.5}$$

$$F = \left(B_0^N U(x_0), -L^N U(x_1), \cdots, -L^N U(x_{N-1}), B_1^N(x_N)\right)^{\mathrm{T}}. \tag{2.3.6}$$

矩阵 $A = (a_{i,j})_{N \times N}$ 是三对角矩阵, 其中

$$a_{0,0} = 1, \quad a_{0,j} = 0, \quad 1 \leqslant j \leqslant N, \tag{2.3.7}$$

$$a_{N,N} = 1, \quad a_{0,j} = 0, \quad 0 \leqslant j \leqslant N - 1. \tag{2.3.8}$$

当 $1 \leqslant i \leqslant N - 1$ 时, 除了对角线上三个元素 (如下) 以外, 其他元素都是零, 即

$$a_{i,j} = 0, \quad 0 \leqslant j \leqslant N - 1, \quad |i - j| > 1, \tag{2.3.9}$$

$$a_{i,i-1} = -\frac{\varepsilon}{h^2}\sigma(x_{i-0.5}, \rho)p(x_{i-0.5}) + \frac{1}{2h}q(x_{i-1}), \tag{2.3.10}$$

$$a_{i,i} = \frac{\varepsilon}{h^2}\sigma(x_{i+0.5}, \rho)p(x_{i+0.5}) + \frac{\varepsilon}{h^2}\sigma(x_{i-0.5}, \rho)p(x_{i-0.5}) - r(x_i), \tag{2.3.11}$$

$$a_{i,i+1} = -\frac{\varepsilon}{h^2}\sigma(x_{i+0.5}, \rho)p(x_{i+0.5}) - \frac{1}{2h}q(x_{i+1}). \tag{2.3.12}$$

2.4　一些重要的不等式和拟合因子的性质

在截断误差的估计中, 我们将多次使用如下几个重要不等式, 关于这些不等式的证明, 有兴趣的读者参阅文献 [1,2,7,9].

不等式 2.4.1　$C_1 t \leqslant \sinh(t) \leqslant C_2 t, \; 0 < t < C.$

不等式 2.4.2　$C_1 \mathrm{e}^t \leqslant \sinh(t) \leqslant C_2 \mathrm{e}^t, \; t \geqslant C.$

不等式 2.4.3　对任何正整数 i, $\dfrac{1}{\varepsilon^i} \mathrm{e}^{-\frac{1}{\varepsilon}} \leqslant C.$

不等式 2.4.4　对任何正整数 i, $t^i \mathrm{e}^{-t} \leqslant C.$

不等式 2.4.5　$|t \coth(t) - 1| \leqslant ct, \; 0 < t < \infty.$

不等式 2.4.6　$|t \coth(t) - 1| \leqslant c\dfrac{t^2}{1+t}, \; 0 < t < \infty.$

不等式 2.4.7　$|1 - t^2 \sinh^{-2} t| \leqslant ct^2, \; 0 < t < \infty.$

不等式 2.4.8　$sh(t) = t + s$, 其中 $|s| \leqslant \dfrac{c|t|^3}{1+t^2}, \; 0 < t < C.$

不等式 2.4.9　设 $v(x) = \mathrm{e}^{-\frac{q(0)x}{p(0)\varepsilon}}$, 则对于 $x_i \in \overline{\Omega}_i$, 有

$$v(x_i) \leqslant \mathrm{e}^{-\frac{a^* x_i}{\varepsilon}} \mathrm{e}^{-\frac{a^* x_i}{\varepsilon}} \leqslant \mathrm{e}^{-\frac{a^* x_i}{\varepsilon}} \mathrm{e}^{-\frac{a^* x_{i-1}}{\varepsilon}} \mathrm{e}^{-\frac{a^* h}{\varepsilon}}.$$

不等式 2.4.10　$|\varepsilon \delta (P(x_i)\delta z(x_i))| \leqslant Ch^{-1} \displaystyle\int_{x_{i-1}}^{x_{i+1}} (|z'(t)| + |z''(t)|)\mathrm{d}t.$

不等式 2.4.11

$$\left| \delta (p(x_i)\delta z(x_i)) - (p(x_i)z'(x_i))' \right| \leqslant Ch^{-1} \int_{x_{i-1}}^{x_{i+1}} (|z''(t)| + |z'''(t)|)\mathrm{d}t.$$

不等式 2.4.12　$|D_0 z(x_i) - z'(x_i)| \leqslant Ch^{-1} \displaystyle\int_{x_{i-1}}^{x_{i+1}} |z''(t)| \, \mathrm{d}t.$

不等式 2.4.13　$\left| \delta^2 z(x_i) \right| \leqslant Ch^{-1} \displaystyle\int_{x_{i-1}}^{x_{i+1}} |z''(t)| \, \mathrm{d}t.$

不等式 2.4.14

$$\delta (g(x_i)\delta f(x_i)) = g(x_{i+0.5})\delta^2 f(x_i) + \frac{f(x_i) - f(x_{i-1})}{h^2} \int_{x_{i-0.5}}^{x_{i+0.5}} g'(t)\mathrm{d}t.$$

下面是关于 $S(x, \rho)$ 的一些估计.

引理 2.4.1　$R(x) \geqslant a^*$, 且 $R'(x) \leqslant 0.$

证明　直接对 $R(x) = \dfrac{q(x - 0.5h)}{2p(x)}, x \in \left(\dfrac{h}{2}, 1 - \dfrac{h}{2} \right)$ 进行计算可得.　　　证毕.

引理 2.4.2 $\dfrac{\partial S(x,\rho)}{\partial x} \leqslant 0,\ \dfrac{\partial S(x,\rho)}{\partial \rho} \geqslant 0.$

证明

$$\frac{\partial S(x,\rho)}{\partial x} = R'(x)\rho \frac{0.5\sinh\left(2R(x)\rho\right) - R(x)\rho}{\sinh^2(R(x)\rho)} \leqslant 0,$$

$$\frac{\partial S(x,\rho)}{\partial \rho} = R(x) \frac{0.5\sinh\left(2R(x)\rho\right) - R(x)\rho}{\sinh^2(R(x)\rho)} \geqslant 0. \qquad 证毕.$$

引理 2.4.3　$\varepsilon\,|S(x,\rho) - 1| \leqslant ch.$

证明　考虑到不等式 2.4.5 可得 $|S(x,\rho) - 1| \leqslant c\rho$, 即 $\varepsilon\,|S(x,\rho) - 1| \leqslant ch.$

证毕.

引理 2.4.4　$\varepsilon S(x,\rho) \leqslant c.$

证明　由上面引理直接证得. 　　　　　　　　　　　　　　　　　证毕.

引理 2.4.5　$\varepsilon \left| \dfrac{\partial S(x,\rho)}{\partial x} \right| \leqslant ch.$

证明　$\dfrac{\partial S(x,\rho)}{\partial x} = R'(x)\rho F(x)$, 其中

$$F(x) = \frac{0.5\sinh(2R(x)\rho) - R(x)\rho}{\sinh^2(R(x)\rho)}.$$

当 $\rho \geqslant 1$ 时, $F(x) \leqslant c$, 所以 $\left| \dfrac{\partial S(x,\rho)}{\partial x} \right| \leqslant c\rho.$

当 $\rho \leqslant 1$ 时,

$$\frac{\partial S(x,\rho)}{\partial x} = \frac{R'(x)}{R(x)} \left(R(x)\rho \coth(R(x)\rho) - R^2(x)\rho^2 \sinh^{-2}(R(x)\rho) \right)$$

$$= \frac{R'(x)}{R(x)} \left(S(x,\rho) - 1 + 1 - (R(x)\rho)^2 \sinh^{-2}(R(x)\rho) \right).$$

利用不等式 2.4.5 和不等式 2.4.7 得

$$\left| \frac{\partial S(x,\rho)}{\partial x} \right| \leqslant c(\rho + \rho^2) \leqslant c\rho, \qquad 证毕.$$

即 $\varepsilon \left| \dfrac{\partial S(x,\rho)}{\partial x} \right| \leqslant ch.$

引理 2.4.6　$S(x,\rho) \geqslant 1.$

证明　考虑到引理 2.4.2 : $\dfrac{\partial S(x,\rho)}{\partial \rho} \geqslant 0$, 故可得

$$S(x,\rho) \geqslant \lim_{\rho \to 0} S(x,\rho) = 1. \qquad 证毕.$$

引理 2.4.7

$$Q(x_i, \rho) = -\rho \left(S(x_{i+0.5})p(x_{i+0.5}) - S(x_{i-0.5})p(x_{i-0.5}) \right) + \frac{q(x_i) - q(x_{i-1})}{2} \leqslant 0.$$

证明

$$Q(x_i, \rho) = -\frac{1}{2} \left(q(x_i) \coth \frac{q(x_i)\rho}{2p(x_{i+0.5})} - q(x_{i-1}) \coth \frac{q(x_{i-1})\rho}{2p(x_{i-0.5})} \right) + \frac{q(x_i) - q(x_{i-1})}{2}$$

$$\leqslant -\frac{1}{2} \left(q(x_i) \coth \frac{q(x_i)\rho}{2p(x_{i-0.5})} - q(x_{i-1}) \coth \frac{q(x_{i-1})\rho}{2p(x_{i-0.5})} \right) + \frac{q(x_i) - q(x_{i-1})}{2}$$

$$= \frac{\sinh \dfrac{\theta\rho}{2p(x_{i-0.5})} \left(\cosh \dfrac{\theta\rho}{2p(x_{i-0.5})} - \sinh \dfrac{\theta\rho}{2p(x_{i-0.5})} \right) - \dfrac{\theta\rho}{2p(x_{i-0.5})}}{\sinh^2 \left(\dfrac{\theta\rho}{2p(x_{i-0.5})} \right)}$$

$$+ \frac{q(x_i) - q(x_{i-1})}{2} \leqslant 0,$$

其中 $\theta \in (q(x_i), q(x_{i-1}))$. 　　　　　　　　　　　　　　　　　　　　证毕.

引理 2.4.8 当 $h \leqslant \varepsilon$ 时, $\varepsilon \left| \dfrac{\partial S(x, \rho)}{\partial x} \right| \leqslant c \dfrac{h^2}{h + \varepsilon}$.

证明 　　　　$\dfrac{\partial S(x, \rho)}{\partial x} = R'(x)\rho \dfrac{0.5 \sinh(2R(x)\rho) - R(x)\rho}{\sinh^2(R(x)\rho)} \leqslant 0.$

根据不等式 2.4.8 有, 当 $h \leqslant \varepsilon$ 时,

$$\sinh^2(2R(x)\rho) = 2R(x)\rho + t,$$

其中 $|t| \leqslant \dfrac{h^3 \mathrm{e}^{2R(x)\rho}}{\varepsilon(h^2 + \varepsilon^2)^2}.$

又因为

$$\sinh^2(2R(x)\rho) \geqslant c \frac{h^2 \mathrm{e}^{2R(x)\rho}}{h^2 + \varepsilon^2},$$

所以, 当 $h \leqslant \varepsilon$ 时, 有

$$\left| \frac{\partial S(x, \rho)}{\partial x} \right| \leqslant c \frac{h^2}{h + \varepsilon}. \qquad\qquad 证毕.$$

2.5　差分格式的性质

引理 2.5.1 (离散极值原理)　若

$$L^N U(x_i) \leqslant 0, \quad x_i \in \Omega_i, \tag{2.5.1}$$

$$B_0^N U(0) \geqslant 0, \tag{2.5.2}$$

$$B_1^N U(1) \geqslant 0, \tag{2.5.3}$$

则对 $x_i \in \overline{\Omega}_i$, 恒有 $U(x_i) \geqslant 0$.

证明 $a_{i,i-1} = -\dfrac{\varepsilon}{h^2}\sigma(x_{i-0.5},\rho)p(x_{i-0.5}) + \dfrac{1}{2h}q(x_{i-1})$

$$= -\frac{\varepsilon}{h^2}\frac{q(x_{i-1})\rho}{2p(x_{i-0.5})}\coth(R(x_{i-0.5})\rho)p(x_{i-0.5}) + \frac{1}{2h}q(x_{i-1})$$

$$= \frac{1}{2h}q(x_{i-0.5})\left(1 - \coth(R(x_{i-0.5})\rho)\right) \leqslant 0.$$

考虑到式 (2.2.4), $q(x) > \beta > 0$ 和双曲余切的性质, 容易证明 $a_{i,i+1} \leqslant 0$, $a_{i,i} \geqslant 0$,

$$a_{i,i-1} + a_{i,i} + a_{i,i+1} = -r(x_i) \geqslant 0.$$

根据文献 [5,10] 可知, 矩阵 A 是不可约对角占优矩阵, 进一步可得 A^{-1} 存在且 $A^{-1} \geqslant 0$. 由引理条件可得 $F \geqslant 0$, 因此可推导出 $U \geqslant 0$. 即对 $x_i \in \overline{\Omega}_i$, 恒有 $U(x_i) \geqslant 0$. 证毕.

为了方便后面的书写, 下面列出了证明过程中常见的两个估计式.

引理 2.5.2 设差分算子

$$\widetilde{L}^N U(x_i) = \varepsilon\sigma(x_{i-0.5},\rho)p(x_{i-0.5})\frac{U(x_{i+1}) - 2U(x_i) + U(x_{i-1})}{h^2}$$

$$+ q(x_{i-1})\frac{U(x_{i+1}) - U(x_{i-1})}{2h},$$

则对于函数 $V(x) = \mathrm{e}^{-\frac{a^* x}{\varepsilon}}$, $x \in [h, 1-h]$, 有

$$\widetilde{L}^N V(x_i) \leqslant -c\frac{1}{\max\{h,\varepsilon\}}V(x_i).$$

证明 将函数 $V(x_i)$ 直接代入差分算子 $\widetilde{L}^N V(x_i)$, 得

$$\widetilde{L}^N V(x_i) = \varepsilon\frac{q(x_{i-1})\rho}{2p(x_{i-0.5})}\coth\frac{q(x_{i-1})\rho}{2p(x_{i-0.5})}p(x_{i-0.5})\frac{V(x_{i+1}) - 2V(x_i) + V(x_{i-1})}{h^2}$$

$$+ q(x_{i-1})\frac{V(x_{i+1}) - V(x_{i-1})}{2h}$$

$$= \frac{q(x_{i-1})}{2h}\coth\frac{q(x_{i-1})\rho}{2p(x_{i-0.5})}\left(V(x_{i+1}) - 2V(x_i) + V(x_{i-1})\right)$$

$$+ q(x_{i-1})\frac{V(x_{i+1}) - V(x_{i-1})}{2h}$$

$$
= \frac{q(x_{i-1})}{2h} \coth \frac{q(x_{i-1})\rho}{2p(x_{i-0.5})} V(x_i) \left(e^{-\frac{a^*h}{\varepsilon}} - 2 + e^{\frac{a^*h}{\varepsilon}} \right)
$$

$$
+ \frac{q(x_{i-1})}{2h} V(x_i)(e^{-\frac{a^*h}{\varepsilon}} + e^{\frac{a^*h}{\varepsilon}})
$$

$$
= \frac{q(x_{i-1})}{2h} V(x_i) \left(\coth \frac{q(x_{i-1})\rho}{2p(x_{i-0.5})} \left(e^{-\frac{a^*h}{2\varepsilon}} - e^{\frac{a^*h}{2\varepsilon}} \right)^2 + \left(e^{-\frac{a^*h}{\varepsilon}} + e^{\frac{a^*h}{\varepsilon}} \right) \right)
$$

$$
= \frac{q(x_{i-1})}{2h} V(x_i) \left(\coth \frac{q(x_{i-1})\rho}{2p(x_{i-0.5})} 4\sinh^2 \frac{a^*h}{2\varepsilon} - 2\sinh \frac{a^*h}{\varepsilon} \right)
$$

$$
= \frac{2q(x_{i-1})}{h} V(x_i) \sinh \frac{a^*\rho}{2} \left(\coth \frac{q(x_{i-1})\rho}{2p(x_{i-0.5})} \sinh \frac{a^*\rho}{2} - \cosh \frac{a^*\rho}{2} \right)
$$

$$
= \frac{2q(x_{i-1})}{h} V(x_i) \sinh \frac{a^*\rho}{2} \left(\coth \frac{q(x_{i-1})\rho}{2p(x_{i-0.5})} \sinh \frac{a^*\rho}{2} - \cosh \frac{a^*\rho}{2} \right)
$$

$$
= \frac{2q(x_{i-1})}{h} V(x_i) \sinh \frac{a^*\rho}{2}
$$

$$
\cdot \frac{\cosh \dfrac{q(x_{i-1})\rho}{2p(x_{i-0.5})} \sinh \dfrac{a^*\rho}{2} - \sinh \dfrac{q(x_{i-1})\rho}{2p(x_{i-0.5})} \cosh \dfrac{a^*\rho}{2}}{\sinh \dfrac{q(x_{i-1})\rho}{2p(x_{i-0.5})}}
$$

$$
= -\frac{2q(x_{i-1})}{h} V(x_i) \sinh \frac{a^*\rho}{2} \frac{\sinh \left(\dfrac{q(x_{i-1})}{2p(x_{i-0.5})} - \dfrac{a^*}{2} \right)\rho}{\sinh \dfrac{q(x_{i-1})\rho}{2p(x_{i-0.5})}}.
$$

注意到式 (2.2.8), 得 $\dfrac{q(x_{i-1})}{2p(x_{i-0.5})} - \dfrac{a^*}{2} > 0$.

当 $h \leqslant \varepsilon$ 时, 利用不等式 2.4.1: $C_1 t \leqslant \sinh(t) \leqslant C_2 t$, 可得

$$
\frac{2q(x_{i-1})}{h} \sinh \frac{a^*\rho}{2} \frac{\sinh \left(\dfrac{q(x_{i-1})}{2p(x_{i-0.5})} - \dfrac{a^*}{2} \right)\rho}{\sinh \dfrac{q(x_{i-1})\rho}{2p(x_{i-0.5})}}
$$

$$
\geqslant c \frac{1}{h} \frac{a^*\rho}{2} \frac{\left(\dfrac{q(x_{i-1})}{2p(x_{i-0.5})} - \dfrac{a^*}{2} \right)\rho}{\dfrac{q(x_{i-1})\rho}{2p(x_{i-0.5})}}
$$

$$
\geqslant c \frac{\rho}{h} \geqslant c \frac{1}{\varepsilon}.
$$

因此 $L^N V(x_i) \leqslant -c\dfrac{1}{\varepsilon}V(x_i)$.

当 $h > \varepsilon$, 即 $\rho > 1$ 时, 利用不等式 2.4.2: $C_1 \mathrm{e}^t \leqslant \sinh(t) \leqslant C_2 \mathrm{e}^t$, 可得

$$\frac{2q(x_{i-1})}{h}\sinh\frac{a^*\rho}{2}\frac{\sinh\left(\left(\dfrac{q(x_{i-1})}{2p(x_{i-0.5})}-\dfrac{a^*}{2}\right)\rho\right)}{\sinh\dfrac{q(x_{i-1})\rho}{2p(x_{i-0.5})}}$$

$$\geqslant c\frac{1}{h}\exp\left(\frac{a^*\rho}{2}\right)\frac{\exp\left(\left(\dfrac{q(x_{i-1})}{2p(x_{i-0.5})}-\dfrac{a^*}{2}\right)\rho\right)}{\exp\dfrac{q(x_{i-1})\rho}{2p(x_{i-0.5})}}$$

$$\geqslant c\frac{1}{h}.$$

因此 $L^N V(x_i) \leqslant -c\dfrac{1}{h}V(x_i)$.

综上所述, 可得引理结果 $L^N V(x_i) \leqslant -c\dfrac{1}{\max\{h,\varepsilon\}}V(x_i)$. 　　　　证毕.

引理 2.5.3　设 $W(x) = \mathrm{e}^{-\frac{a^*(x-h)}{\varepsilon}}$, $x \in [h, 1-h]$, 则 $W(x)$ 满足

$$L^N W(x_i) \leqslant -\frac{c}{\max\{h,\varepsilon\}}W(x_i).$$

证明　将函数 $W(x_i)$ 直接代入差分算子 L^N 得

$$L^N W(x_i) = \varepsilon\delta\left(\sigma(x_i,\rho)p(x_i)\delta W(x_i)\right) + D_0\left(q(x_i)W(x_i)\right) + r(x_i)W(x_i)$$

$$= \frac{\varepsilon}{h}\bigg(\sigma(x_{i+0.5},\rho)p(x_{i+0.5})\frac{W(x_{i+1})-W(x_i)}{h}$$

$$-\sigma(x_{i-0.5},\rho)p(x_{i-0.5})\frac{W(x_{i+1})-W(x_i)}{h}$$

$$+\sigma(x_{i-0.5},\rho)p(x_{i-0.5})\frac{W(x_{i+1})-2W(x_i)+W(x_{i-1})}{h} + r(x_i)W(x_i)$$

$$+\frac{1}{2h}q(x_{i-1})(W(x_{i+1})-W(x_{i+1})) + \frac{1}{2h}\left(q(x_{i+1})-q(x_{i-1})\right)W(x_{i+1})\bigg).$$

由上述引理可得

$$L^N W(x_i) \leqslant -c\frac{1}{\max\{h,\varepsilon\}}W(x_i)$$

$$+\frac{\varepsilon}{h}\left(\sigma(x_{i+0.5},\rho)p(x_{i+0.5})-\sigma(x_{i-0.5},\rho)p(x_{i-0.5})\right)\frac{W(x_{i+1})-W(x_i)}{h}$$

$$+ \frac{1}{2h} \left(q(x_{i+1}) - q(x_{i-1}) \right) W(x_{i+1}) + r(x_i)W(x_i).$$

同理可得

$$L^N W(x_i)$$

$$= \varepsilon \delta \left(\sigma(x_i, \rho)p(x_i)\delta W(x_i) \right) + D_0 \left(q(x_i)W(x_i) \right) + r(x_i)W(x_i)$$

$$= \frac{\varepsilon}{h} \left(\sigma(x_{i+0.5}, \rho)p(x_{i+0.5}) \frac{W(x_{i+1}) - 2W(x_i) + W(x_{i-1})}{h} \right.$$

$$+ \sigma(x_{i+0.5}, \rho) \cdot p(x_{i+0.5}) \frac{W(x_i) - W(x_{i-1})}{h}$$

$$\left. - \sigma(x_{i-0.5}, \rho)p(x_{i-0.5}) \frac{W(x_i) - W(x_{i-1})}{h} \right)$$

$$+ \frac{1}{2h} \left(q(x_i) \left(W(x_{i+1}) - W(x_{i-1}) \right) + \left(q(x_{i+1}) - q(x_i) \right) \left(W(x_{i+1}) - W(x_{i-1}) \right) \right)$$

$$+ \frac{1}{2h} \left(q(x_{i+1}) - q(x_{i-1}) \right) W(x_{i-1}) + r(x_i)W(x_i).$$

由上述引理可得

$$L^N W(x_i) \leqslant - c \frac{1}{\max\{h, \varepsilon\}} W(x_i)$$

$$+ \frac{\varepsilon}{h} \left(\sigma(x_{i+0.5}, \rho)p(x_{i+0.5}) - \sigma(x_{i-0.5}, \rho)p(x_{i-0.5}) \right) \frac{W(x_i) - W(x_{i-1})}{h}$$

$$+ \frac{1}{2h} \left(q(x_{i+1}) - q(x_i) \right) \left(W(x_{i+1}) - W(x_{i-1}) \right)$$

$$+ \frac{1}{2h} \left(q(x_{i+1}) - q(x_{i-1}) \right) W(x_{i-1}) + r(x_i)W(x_i).$$

将上述两个不等式相加得

$$2L^N W(x_i)$$

$$\leqslant - c \frac{1}{\max\{h, \varepsilon\}} W(x_i)$$

$$+ \frac{\varepsilon}{h} \left(\sigma(x_{i+0.5}, \rho)p(x_{i+0.5}) - \sigma(x_{i-0.5}, \rho)p(x_{i-0.5}) \right) \frac{W(x_{i+1}) - W(x_{i-1})}{h}$$

$$+ \frac{1}{2h} \left(q(x_{i+1}) - q(x_i) \right) \left(W(x_{i+1}) - W(x_{i-1}) \right)$$

$$+ \frac{1}{2h} \left(q(x_{i+1}) - q(x_{i-1}) \right) \left(W(x_{i+1}) + W(x_{i-1}) \right) + 2r(x_i)W(x_i)$$

$$\leqslant -c\frac{1}{\max\{h,\varepsilon\}}W(x_i)$$
$$+\frac{1}{h}W(x_i)\mathrm{sh}(a^*\rho)\left(-q(x_i)\coth\frac{q(x_i)\rho}{2p(x_{i+0.5})}+q(x_{i-1})\coth\frac{q(x_{i-1})\rho}{2p(x_{i-0.5})}\right)$$
$$-\left(q(x_{i+1})-q(x_i)\right)+\left(q(x_{i+1})-q(x_{i-1})\coth(a^*\rho)\right).$$

根据引理 2.4.7 和式 (2.2.4) 可得

$$L^N W(x_i)\leqslant -c\frac{1}{\max\{h,\varepsilon\}}W(x_i). \qquad\text{证毕.}$$

现介绍差分算子 L^N 的 ε 一致稳定结果, 这是一个重要的引理, 下面的估计均基于该引理.

引理 2.5.4 若

$$\left|L^N U(x_i)\right|\leqslant k\left(1+\frac{1}{\max\{h,\varepsilon\}}\mathrm{e}^{-\frac{a^* x_{i-1}}{\varepsilon}}\right),\quad x_i\in\Omega_i, \qquad (2.5.4)$$

$$\left|B_0^N U(0)\right|\leqslant k_0, \qquad (2.5.5)$$

$$\left|B_1^N U(1)\right|\leqslant k_1, \qquad (2.5.6)$$

则对 $x_i\in\overline{\Omega}_i$, 恒有 $|U(x_i)|\leqslant C$.

证明 考虑闸函数 $\Phi(x_i)=c\mathrm{e}^{-\frac{a^*(x_i-h)}{\varepsilon}}+c_0 x_i+c_1(1-x_i)\pm U(x_i)$, $x_i\in\Omega_i$. 取充分大的正常数 c,c_0,c_1, 可得

$$L^N\Phi(x_i)\leqslant 0,\quad x_i\in\Omega_i, \qquad (2.5.7)$$

$$B_0^N\Phi(0)\geqslant 0, \qquad (2.5.8)$$

$$B_1^N\Phi(1)\geqslant 0. \qquad (2.5.9)$$

由引理 2.5.1 可得: 对 $x_i\in\overline{\Omega}_i$, 恒有 $\Phi(x_i)\geqslant 0$.
因此, 对 $x_i\in\overline{\Omega}_i$, 恒有 $|U(x_i)|\leqslant C$. 证毕.

2.6 一致收敛性

本节将主要证明求解奇异摄动问题 (2.2.1)—(2.2.3) 的拟合因子差分格式 (2.3.1)—(2.3.3) 具有一致收敛性 (见定理 2.6.3), 其证明思路大致如下:

(1) 在定理 2.2.1 中, 我们已将守恒型奇异摄动问题 (P_ε) 的解 $u(x)$ 分解为奇性部分 $v(x)$ 和非奇性部分 $z(x)$, 即 $u(x) = sv(x) + z(x)$, 其中 $v(x) = \mathrm{e}^{-\frac{q(0)x}{p(0)\varepsilon}}$, $s = -\varepsilon u'(0)\dfrac{q(0)}{p(0)}$ 是有界常数.

(2) 通过 $v(x) = \mathrm{e}^{-\frac{q(0)x}{p(0)\varepsilon}}$ 和 $z(x)$ 定义两个离散解 $V(x_i)$ 和 $Z(x_i)$, 这样数值解可改写为 $U(x_i) = sV(x_i) + Z(x_i)$.

(3) 分别证明

$$|V(x_i) - v(x_i)| \leqslant Ch$$

和

$$|Z(x_i) - z(x_i)| \leqslant Ch$$

对于 $x_i \in \overline{\Omega}_i$ 恒成立.

(4) 考虑到 s 是有界常数, 可以得到一致收敛性的证明, 即

$$|U(x_i) - u(x_i)| \leqslant Ch$$

对于 $x_i \in \overline{\Omega}_i$ 恒成立.

离散解 $V(x_i)$ 和 $Z(x_i)$ 的定义如下.

在网格空间 $\overline{\Omega}_i$ 上构造离散解 $V(x_i)$:

$$L^N V(x_i) = Lv(x_i), \quad x_i \in \Omega_i, \tag{2.6.1}$$

$$B_0^N V(0) = v(0), \tag{2.6.2}$$

$$B_1^N V(1) = v(1). \tag{2.6.3}$$

在网格空间 $\overline{\Omega}_i$ 上构造另一个离散解 $Z(x_i)$:

$$L^N Z(x_i) = Lz(x_i), \quad x_i \in \Omega_i, \tag{2.6.4}$$

$$B_0^N Z(0) = z(0), \tag{2.6.5}$$

$$B_1^N Z(1) = z(1). \tag{2.6.6}$$

直接计算可得 $sV(x_i) + Z(x_i)$ 满足 (2.3.1)—(2.3.3), 即差分格式 (P_ε^N) 的解

$$U(x_i) = sV(x_i) + Z(x_i). \tag{2.6.7}$$

定理 2.6.1　设 $V(x_i)$ 是差分格式 (2.6.1)—(2.6.3) 的解, $v(x) = \mathrm{e}^{-\frac{q(0)x}{p(0)\varepsilon}}$, 则对于 $x_i \in \overline{\Omega}_i$, 恒有

$$|V(x_i) - v(x_i)| \leqslant Ch. \tag{2.6.8}$$

证明
$$L^N\left(V(x_i) - v(x_i)\right)$$
$$= Lv(x_i) - L^N v(x_i)$$
$$= \varepsilon\left(p(x_i)v'(x_i)\right)' + (q(x_i)v(x_i))' + r(x_i)v(x_i)$$
$$- \varepsilon\delta\left(\sigma(x_i,\rho)p(x_i)\delta v(x_i)\right) - D_0\left(q(x_i)v(x_i)\right) - r(x_i)v(x_i)$$
$$= \varepsilon\left(p(x_i)v'(x_i)\right)' + (q(x_i)v(x_i))'$$
$$- \varepsilon\delta\left(\sigma(x_i,\rho)p(x_i)\delta v(x_i)\right) - D_0\left(q(x_i)v(x_i)\right).$$

通过泰勒展开:

$$p(x_{i+0.5}) = p(x_{i-0.5}) + hp'(x_{i-0.5}) + \frac{h^2}{2}p''(x_{i-0.5}) + \frac{h^3}{6}p'''(\xi_1),$$

$$p'(x_i) = p'(x_{i-0.5}) + \frac{h}{2}p''(x_{i-0.5}) + \frac{h^2}{8}p'''(\xi_2),$$

$$p(x_i) = p(x_{i-0.5}) + \frac{h}{2}p'(x_{i-0.5}) + \frac{h^2}{8}p''(\xi_3),$$

$$q(x_{i+1}) = q(x_{i-1}) + 2hq'(x_{i-1}) + 2h^2q''(x_{i-0.5}) + \frac{4h^3}{3}q'''(\eta_1),$$

$$q'(x_i) = q'(x_{i-1}) + hq''(x_{i-1}) + \frac{h^2}{2}q'''(\eta_2),$$

$$q(x_i) = q(x_{i-1}) + hq'(x_{i-1}) + \frac{h^2}{2}q''(x_{i-1}) + \frac{h^3}{6}q'''(\eta_3),$$

其中
$$\xi_1 \in (x_{i-0.5}, x_{i+0.5}), \quad \eta_1 \in (x_{i-1}, x_{i+1}),$$
$$\xi_2,\xi_3 \in (x_{i-0.5}, x_i), \quad \eta_2,\eta_3 \in (x_{i-1}, x_i),$$

可得
$$L^N\left(V(x_i) - v(x_i)\right) = \sum_{i=1}^{7} F_i, \tag{2.6.9}$$

其中
$$F_1 = \frac{q(0)}{\varepsilon p(0)}p(x_{i-0.5})\left(\frac{q(0)}{p(0)} - \frac{q(x_{i-1})}{p(x_{i-0.5})}\right)v(x_i)$$
$$+ \frac{2q(x_{i-1})\operatorname{sh}\left(\frac{q(0)\rho}{2p(0)}\right)\operatorname{sh}\left(\left(\frac{q(x_{i-1})}{2p(x_{i-0.5})} - \frac{q(0)}{2p(0)}\right)\rho\right)}{h\cdot\operatorname{sh}\frac{q(x_{i-1})\rho}{2p(x_{i-0.5})}}, \tag{2.6.10}$$

$$F_2 = p(x_{i-0.5})\left(-\frac{q(0)}{p(0)} + \frac{q^2(0)\rho}{2p^2(0)} - \frac{\sigma(x_i,\rho)}{\rho}\left(e^{-\frac{q(0)}{p(0)}\rho} - 1\right)\right)v(x_i), \tag{2.6.11}$$

$$F_3 = p''(x_{i-0.5}) \left(-\frac{hq(0)}{2p(0)} - \frac{\varepsilon\sigma(x_i, \rho)}{2} \left(e^{-\frac{q(0)}{p(0)}\rho} - 1 \right) \right) v(x_i), \tag{2.6.12}$$

$$F_4 = q'(x_{i-1}) \left(1 - \frac{q(0)}{p(0)}\rho - e^{-\frac{q(0)}{p(0)}\rho} \right) v(x_i), \tag{2.6.13}$$

$$F_5 = q''(x_{i-1}) \left(h - \frac{h^2 q(0)}{2\varepsilon p(0)} - h e^{-\frac{q(0)}{p(0)}\rho} \right) v(x_i), \tag{2.6.14}$$

$$F_6 = \left(\frac{h^2}{2} q'''(\eta_2) - \frac{h^2 q(0)}{8p(0)} p'''(\xi_2) - \frac{h^3 q(0)}{6\varepsilon p(0)} q'''(\eta_3) + \frac{h^2 q^2(0)}{8\varepsilon p^2(0)} p'''(\xi_3) \right) v(x_i)$$

$$- \frac{2h^2}{3} q'''(\eta_1) v(x_{i+1}) - \frac{\varepsilon\sigma(x_i, \rho)}{6} h p'''(\xi_1)(v(x_{i+1}) - v(x_i)), \tag{2.6.15}$$

$$F_7 = \varepsilon p(x_{i+1}) \delta\sigma(x_i, \rho) \cdot \delta v(x_{i+0.5}). \tag{2.6.16}$$

现在逐一对 F_i, $1 \leqslant i \leqslant 7$ 进行估计.

令 $T(0) = \dfrac{q(0)}{p(0)}$, $T(x_i) = \dfrac{q(x_{i-1})}{p(x_{i-0.5})}$, $x_i \in \Omega_i$.

当 $h \leqslant C_1 = \min\limits_{x_i \in \Omega_i} \dfrac{T(0) - a^*}{\dfrac{T(0) - T(x_i)}{x_i}}$ 时, 类似于文献 [1] 的证明, 可得

$$|F_1| \leqslant \frac{Ch^2 x_i}{\varepsilon^2(h+\varepsilon)} v(x_i). \tag{2.6.17}$$

注意到不等式 2.4.9, 故有

$$|F_1| \leqslant \frac{Ch^2 x_i}{\varepsilon^2(h+\varepsilon)} e^{-\frac{a^* x_i}{\varepsilon}} e^{-\frac{a^* x_i}{\varepsilon}}. \tag{2.6.18}$$

根据不等式 2.4.4, 有

$$|F_1| \leqslant \frac{Ch^2}{\varepsilon(h+\varepsilon)} e^{-\frac{a^* x_i}{\varepsilon}}. \tag{2.6.19}$$

当 $h \leqslant \varepsilon$ 时, 注意到 $\dfrac{h}{h+\varepsilon} \leqslant 1$, 因此可得

$$|F_1| \leqslant Ch\frac{1}{\varepsilon} e^{-\frac{a^* x_i}{\varepsilon}}. \tag{2.6.20}$$

当 $h > \varepsilon$ 时, 注意到 $h \leqslant h+\varepsilon$, 再次利用不等式 2.4.4 和不等式 2.4.9, 故有

$$|F_1| \leqslant \frac{Ch^2}{h\varepsilon} e^{-\frac{a^* x_{i-1}}{\varepsilon}} e^{-\frac{a^* h}{\varepsilon}} \leqslant Ch\frac{1}{h} e^{-\frac{a^* x_{i-1}}{\varepsilon}}. \tag{2.6.21}$$

因此当 $h \leqslant C_1 = \min\limits_{x_i \in \Omega_i} \dfrac{T(0) - a^*}{\dfrac{T(0) - T(x_i)}{x_i}}$ 时, 或者说当 h 充分小时,

$$|F_1| \leqslant Ch \frac{1}{\max\{h, \varepsilon\}} \mathrm{e}^{-\frac{a^* x_{i-1}}{\varepsilon}}. \tag{2.6.22}$$

现在对 F_2 进行估计.

通过泰勒展开:

$$\mathrm{e}^{-\frac{q(0)}{p(0)}\rho} - 1 = -\frac{q(0)\rho}{p(0)} + \frac{q^2(0)\rho^2}{2p^2(0)} + O(\rho^3),$$

可得

$$F_2 = p(x_{i-0.5})\frac{q(0)}{p(0)}(\sigma(x_i, \rho) - 1) - \frac{q^2(0)\rho}{2p^2(0)}(\sigma(x_i, \rho) - 1)$$

$$+ O(\rho^2)\sigma(x_i, \rho)v(x_i).$$

因此

$$|F_2| \leqslant C\left(|\sigma(x_i, \rho) - 1| + \rho|\sigma(x_i, \rho) - 1| + |O(\rho^2)| + |O(\rho^2)||\sigma(x_i, \rho) - 1|\right)v(x_i).$$

当 $h \leqslant \varepsilon$ 时, 考虑到不等式 2.4.4、不等式 2.4.6 和不等式 2.4.9, 可得

$$|\sigma(x_i, \rho) - 1|v(x_i) \leqslant Ch\frac{1}{\varepsilon}\mathrm{e}^{-\frac{a^* x_{i-1}}{\varepsilon}},$$

$$\rho|\sigma(x_i, \rho) - 1|v(x_i) \leqslant Ch\frac{1}{\varepsilon}\mathrm{e}^{-\frac{a^* x_{i-1}}{\varepsilon}},$$

$$|O(\rho^2)|v(x_i) \leqslant Ch\frac{1}{\varepsilon}\mathrm{e}^{-\frac{a^* x_{i-1}}{\varepsilon}},$$

$$|O(\rho^2)||\sigma(x_i, \rho) - 1|v(x_i) \leqslant Ch\frac{1}{\varepsilon}\mathrm{e}^{-\frac{a^* x_{i-1}}{\varepsilon}}.$$

因此

$$|F_2| \leqslant Ch\frac{1}{\varepsilon}\mathrm{e}^{-\frac{a^* x_{i-1}}{\varepsilon}}. \tag{2.6.23}$$

当 $h > \varepsilon$ 时, 考虑到不等式 2.4.4、不等式 2.4.5 和不等式 2.4.9, 可得

$$|\sigma(x_i, \rho) - 1|v(x_i) \leqslant Ch\frac{1}{h}\mathrm{e}^{-\frac{a^* x_{i-1}}{\varepsilon}},$$

$$\rho|\sigma(x_i, \rho) - 1|v(x_i) \leqslant Ch\frac{1}{h}\mathrm{e}^{-\frac{a^* x_{i-1}}{\varepsilon}},$$

$$\left|O(\rho^2)\right| v(x_i) \leqslant Ch \frac{1}{h} e^{-\frac{a^* x_{i-1}}{\varepsilon}},$$

$$\left|O(\rho^2)\right| \left|\sigma(x_i, \rho) - 1\right| v(x_i) \leqslant Ch \frac{1}{h} e^{-\frac{a^* x_{i-1}}{\varepsilon}}.$$

因此

$$|F_2| \leqslant Ch \frac{1}{h} e^{-\frac{a^* x_{i-1}}{\varepsilon}}. \tag{2.6.24}$$

综合 (2.6.23) 和 (2.6.24), 可得

$$|F_2| \leqslant Ch \frac{1}{\max\{h, \varepsilon\}} e^{-\frac{a^* x_{i-1}}{\varepsilon}}. \tag{2.6.25}$$

关于 F_i, $3 \leqslant i \leqslant 5$ 的估计完全类似于 F_i, $1 \leqslant i \leqslant 2$ 的估计, 因篇幅关系, 此处从略.

F_6 的估计如下:

$$|F_6| \leqslant C \left(h^2 + \frac{h^3}{\varepsilon} + \frac{h^2}{\varepsilon}\right) v(x_i) + Ch^2 v(x_{i+1}) + C\varepsilon \sigma(x_i, \rho) h \left|v(x_{i+1}) - v(x_i)\right|.$$

应用引理 2.4.4、不等式 2.4.4、不等式 2.4.5 和不等式 2.4.9, 可得

$$|F_6| \leqslant Ch \left(1 + \frac{1}{\max\{h, \varepsilon\}} e^{-\frac{a^* x_{i-1}}{\varepsilon}}\right). \tag{2.6.26}$$

F_7 的估计如下:

$$\begin{aligned}
F_7 &= \varepsilon p(x_{i+1}) \delta \sigma(x_i, \rho) \cdot \delta v(x_{i+0.5}) \\
&= \varepsilon p(x_{i+1}) \frac{S(x_{i+0.5}, \rho) - S(x_{i-0.5}, \rho)}{h} \frac{v(x_{i+1}) - v(x_i)}{h} \\
&= \varepsilon p(x_{i+1}) \frac{\partial S(\xi, \rho)}{\partial x} \cdot \frac{e^{-\frac{q(0)\rho}{2p(0)}} - e^{\frac{q(0)\rho}{2p(0)}}}{h} v(x_{i+0.5}) \\
&= \varepsilon p(x_{i+1}) \frac{\partial S(\xi, \rho)}{\partial x} \cdot \frac{-\operatorname{sh} \dfrac{q(0)\rho}{2p(0)}}{h} v(x_{i+0.5}),
\end{aligned}$$

这里 $\xi \in (x_{i-0.5}, x_{i+0.5})$.

考虑到引理 2.2.4, 可得

$$|F_7| \leqslant C \operatorname{sh} \frac{q(0)\rho}{2p(0)} v(x_{i+0.5}).$$

当 $h \leqslant \varepsilon$ 时, 考虑到不等式 2.4.1, 可得

$$|F_7| \leqslant Ch\frac{1}{\varepsilon}\mathrm{e}^{-\frac{a^* x_{i-1}}{\varepsilon}}. \tag{2.6.27}$$

当 $h > \varepsilon$ 时, 考虑到不等式 2.4.2, 可得

$$|F_7| \leqslant Ch\frac{1}{h}\mathrm{e}^{-\frac{a^* x_{i-1}}{\varepsilon}}. \tag{2.6.28}$$

综合式 (2.6.27) 和 (2.6.28), 可得

$$|F_7| \leqslant Ch\frac{1}{\max\{h,\varepsilon\}}\mathrm{e}^{-\frac{a^* x_{i-1}}{\varepsilon}}. \tag{2.6.29}$$

综合以上对 F_i, $1 \leqslant i \leqslant 7$ 的估计, 可得

$$\left|L^N\left(V(x_i) - v(x_i)\right)\right| \leqslant Ch\left(1 + \frac{1}{\max\{h,\varepsilon\}}\mathrm{e}^{-\frac{a^* x_{i-1}}{\varepsilon}}\right). \tag{2.6.30}$$

又因为

$$B_0^N\left(V(0) - v(0)\right) = 0, \tag{2.6.31}$$

$$B_1^N\left(V(1) - v(1)\right) = 0, \tag{2.6.32}$$

对 $V(x_i) - v(x_i)$ 应用引理 2.5.4 可得

$$|V(x_i) - v(x_i)| \leqslant Ch. \tag{2.6.33}$$

证毕.

定理 2.6.2 设 $Z(x_i)$ 是差分格式 (2.6.4)—(2.6.6) 的解, 则对于分解式 (2.2.17) 中的 $z(x)$, 对于 $x_i \in \overline{\Omega}_i$, 恒有

$$|Z(x_i) - z(x_i)| \leqslant Ch. \tag{2.6.34}$$

证明
$$\begin{aligned}
&L^N\left(Z(x_i) - z(x_i)\right) \\
&= Lz(x_i) - L^N z(x_i) \\
&= \varepsilon\left(p(x_i)z'(x_i)\right)' + \left(q(x_i)z(x_i)\right)' + r(x_i)z(x_i) \\
&\quad - \varepsilon\delta\left(\sigma(x_i,\rho)p(x_i)\delta z(x_i)\right) - D_0\left(q(x_i)z(x_i)\right) - r(x_i)z(x_i) \\
&= \sum_{i=1}^{3} G_i,
\end{aligned} \tag{2.6.35}$$

其中

$$G_1 = -\varepsilon\left(\delta(\sigma(x_i,\rho) - 1)p(x_i)\delta z(x_i)\right),$$

$$G_2 = -\varepsilon \left(\delta \left(p(x_i) \delta z(x_i) \right) - \left(p(x_i) z'(x_i) \right)' \right),$$

$$G_3 = D_0 \left(q(x_i) z(x_i) \right) - \left(q(x_i) z(x_i) \right)'.$$

现在将对 G_i, $1 \leqslant i \leqslant 3$ 逐一进行估计, 首先我们估计 G_1.

利用不等式 2.4.14, 可得

$$|G_1| = \varepsilon \left| \delta \left((S(x_i, \rho) - 1) p(x_i) \delta z(x_i) \right) \right| \leqslant C G_{11} + C G_{12}, \tag{2.6.36}$$

其中

$$G_{11} = \varepsilon \left| S(x_{i+0.5}, \rho) - 1 \right| \cdot \left| \delta^2 z(x_i) \right|,$$

$$G_{12} = \varepsilon \left| \frac{z(x_i) - z(x_{i-1})}{h} \right| \int_{x_{i-0.5}}^{x_{i+0.5}} \left(|S(x, \rho) - 1| + \left| \frac{\partial S(x, \rho)}{\partial x} \right| \right) \mathrm{d}x.$$

利用引理 2.4.13 和定理 2.2.1 的结论, 可得

$$\begin{aligned}
\left| \delta^2 z(x_i) \right| &\leqslant C h^{-1} \int_{x_{i-1}}^{x_{i+1}} |z''(t)| \, \mathrm{d}t \\
&\leqslant C h^{-1} \int_{x_{i-1}}^{x_{i+1}} \left(1 + \varepsilon^{-1} \mathrm{e}^{-\frac{a^* x}{\varepsilon}} \right) \mathrm{d}x \\
&\leqslant C + C h^{-1} \left| \mathrm{e}^{-\frac{a^* x_{i+1}}{\varepsilon}} - \mathrm{e}^{-\frac{a^* x_{i-1}}{\varepsilon}} \right| \\
&\leqslant C + C h^{-1} \mathrm{e}^{-\frac{a^* x_i}{\varepsilon}} \left(\mathrm{e}^{\frac{a^* h}{\varepsilon}} - \mathrm{e}^{-\frac{a^* h}{\varepsilon}} \right) \\
&\leqslant C + C h^{-1} \mathrm{e}^{-\frac{a^* x_i}{\varepsilon}} \sinh(\mathrm{e}^{\frac{a^* h}{\varepsilon}}).
\end{aligned} \tag{2.6.37}$$

当 $h \leqslant \varepsilon$ 时, 考虑到不等式 2.4.1, 可得

$$\left| \delta^2 z(x_i) \right| \leqslant C \left(1 + \frac{1}{\varepsilon} \mathrm{e}^{-\frac{a^* x_{i-1}}{\varepsilon}} \right). \tag{2.6.38}$$

当 $h > \varepsilon$ 时, 考虑到不等式 2.4.2, 可得

$$\left| \delta^2 z(x_i) \right| \leqslant C \left(1 + \frac{1}{h} \mathrm{e}^{-\frac{a^* x_{i-1}}{\varepsilon}} \right). \tag{2.6.39}$$

综合式 (2.6.23) 和 (2.6.24), 可得

$$\left| \delta^2 z(x_i) \right| \leqslant C \left(1 + \frac{1}{\max\{h, \varepsilon\}} \mathrm{e}^{-\frac{a^* x_{i-1}}{\varepsilon}} \right). \tag{2.6.40}$$

考虑到引理 2.4.3, 可得

$$|G_{11}| \leqslant Ch\left(1 + \frac{1}{\max\{h,\varepsilon\}}e^{-\frac{a^*x_{i-1}}{\varepsilon}}\right). \tag{2.6.41}$$

利用引理 2.4.3、引理 2.4.5 和定理 2.2.1 的结论, 可得

$$\begin{aligned}
|G_{12}| &= \varepsilon\left|\frac{z(x_i) - z(x_{i-1})}{h}\right| \cdot \int_{x_{i-0.5}}^{x_{i+0.5}} \left(|S(x,\rho) - 1| + \left|\frac{\partial S(x,\rho)}{\partial x}\right|\right)\mathrm{d}x \\
&= \varepsilon|z'(\xi_1)| \cdot \left(|S(\xi_2,\rho) - 1| + \left|\frac{\partial S(\xi_3,\rho)}{\partial x}\right|\right) \\
&\leqslant Ch,
\end{aligned} \tag{2.6.42}$$

这里 $\xi_1 \in (x_{i-1}, x_i)$, $\xi_2, \xi_3 \in (x_{i-0.5}, x_{i+0.5})$.

由式 (2.6.1) 和 (2.6.42), 可得

$$|G_1| \leqslant Ch\left(1 + \frac{1}{\max\{h,\varepsilon\}}e^{-\frac{a^*x_{i-1}}{\varepsilon}}\right). \tag{2.6.43}$$

由不等式 2.4.11 和定理 2.2.1 的结论, 可估计 G_2, 即

$$\begin{aligned}
|G_2| &\leqslant C\varepsilon\int_{x_{i-1}}^{x_{i+1}} (|z''(t)| + |z'''(t)|)\,\mathrm{d}t \\
&\leqslant C\varepsilon\int_{x_{i-1}}^{x_{i+1}} \left(1 + \frac{1}{\varepsilon^2}e^{-\frac{a^*x}{\varepsilon}}\right)\mathrm{d}t \\
&\leqslant C\varepsilon h + Ce^{-\frac{a^*x}{\varepsilon}}\sinh\left(\frac{a^*x}{\varepsilon}\right).
\end{aligned} \tag{2.6.44}$$

当 $h \leqslant \varepsilon$ 时, 根据不等式 2.4.1, 可得

$$|G_2| \leqslant Ch\left(1 + \frac{1}{\varepsilon}e^{-\frac{a^*x_{i-1}}{\varepsilon}}\right). \tag{2.6.45}$$

当 $h > \varepsilon$ 时, 考虑到不等式 2.4.2, 可得

$$|G_2| \leqslant Ch\left(1 + \frac{1}{h}e^{-\frac{a^*x_{i-1}}{\varepsilon}}\right). \tag{2.6.46}$$

综合式 (2.6.44) 和 (2.6.45), 可得

$$|G_2| \leqslant Ch\left(1 + \frac{1}{\max\{h,\varepsilon\}}e^{-\frac{a^*x_{i-1}}{\varepsilon}}\right). \tag{2.6.47}$$

由不等式 2.4.12 和定理 2.2.1 的结论, 类似对 G_2 的估计, 同样可得

$$|G_3| \leqslant Ch\left(1 + \frac{1}{\max\{h,\varepsilon\}}\mathrm{e}^{-\frac{a^* x_{i-1}}{\varepsilon}}\right). \tag{2.6.48}$$

因此有

$$\left|L^N\left(Z(x_i) - z(x_i)\right)\right| \leqslant Ch\left(1 + \frac{1}{\max\{h,\varepsilon\}}\mathrm{e}^{-\frac{a^* x_{i-1}}{\varepsilon}}\right).$$

又因为

$$B_0^N(Z(0) - z(0)) = 0, \tag{2.6.49}$$

$$B_1^N(Z(1) - z(1)) = 0, \tag{2.6.50}$$

对 $Z(x_i) - z(x_i)$ 应用引理 2.5.4, 可得

$$|Z(x_i) - z(x_i)| \leqslant Ch. \tag{2.6.51}$$

证毕.

下面是本章的主要结论.

定理 2.6.3 设 $u(x_i)$ 是奇异摄动问题 (P_ε) 的解, $U(x_i)$ 是网格差分格式 (P_ε^N) 的解, 则对于 $x_i \in \overline{\Omega}_i$, 恒有

$$|U(x_i) - u(x_i)| \leqslant Ch. \tag{2.6.52}$$

证明 由定理 2.2.1 和式 (2.6.7), 可得

$$|U(x_i) - u(x_i)| \leqslant C|V(x_i) - v(x_i)| + |Z(x_i) - z(x_i)|.$$

由定理 2.6.1 和定理 2.6.2 可得: 对于 $x_i \in \overline{\Omega}_i$, 恒有

$$|U(x_i) - u(x_i)| \leqslant Ch. \qquad\qquad 证毕.$$

2.7 数值算例及分析

在 $\overline{\Omega} = [0,1]$ 区间内考虑如下守恒型奇异摄动问题 (P_ε):

$$Lu(x) = \varepsilon(p(x)u'(x))' + (q(x)u(x))' + r(x)u(x) = f(x), \quad x \in \Omega,$$

$$B_0 u(x) = u_0,$$

$$B_1 u(x) = u_1,$$

其中 $p(x) = \sqrt{1+x}$, $q(x) = \dfrac{1}{\sqrt{1+x}}$, $r(x) = -(1+x)$, $u_0 = 1$, $u_1 = \mathrm{e}^{-\frac{1}{\varepsilon}}$, 取 $f(x)$ 使得上面问题的解析解为 $u(x) = \mathrm{e}^{-\frac{x}{\varepsilon}}$.

限于篇幅, 本章不对计算结果逐点进行分析, 只列出最大逐点误差.

定义 2.7.1 最大逐点误差是指 $E = \max\limits_{x_i \in \overline{\Omega}_i} |U(x_i) - u(x_i)|$, 其中 $u(x_i)$ 是奇异摄动问题 (P_ε) 的解, $U(x_i)$ 是网格差分格式 (P_ε^N) 的解.

图 2.2 是图 2.1 在边界层附近的计算情况. 无论是图 2.1 或表 2.1 都说明拟合因子法是一个优秀的算法, 其计算精度很高.

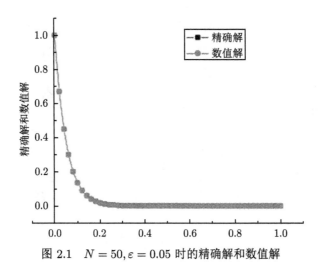

图 2.1 $N = 50, \varepsilon = 0.05$ 时的精确解和数值解

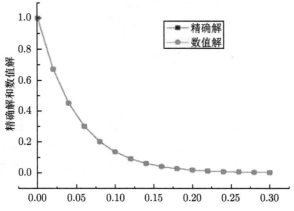

图 2.2 $N = 50, \varepsilon = 0.05$ 时的精确解和数值解 (边界层附近)

表 2.1　当 $N = 50$ 时不同 ε 的计算结果

ε	最大逐点误差
0.05	0.000808231
0.01	0.000285378
0.005	0.000082659

　　奇异摄动问题的一个特点是: 当 ε 较小时, 奇性应该更 "突出", 最大逐点误差应该更大. 然而细心的读者可能注意到: 图 2.1、图 2.2 和表 2.1 不能反映此现象. 相反地, 当 ε 较小时, 最大逐点误差反而更小. 从作者个人的计算经验来看, 这个现象相当普遍, 而且最大逐点误差常常出现在边界层 (如本例 $x = 0$) 附近的开头几个网格点, 特别是第 1 点 (如本例 $x_1 = h$).

　　这个现象其实体现了奇性和拟合因子法的计算特点. 注意到当 ε 变小时, 人们普遍认为边界层宽度为 $O(\varepsilon)$, 因此边界层宽度也变小. 当计算网格数不是很大时, 如上例中 $N = 50$, 第一个计算网格点可能已经 "跳过" 所谓的边界层, 因此我们对边界层内的计算信息了解得相当少, 从而 "缺少" 了对困难部分的计算, 也提高了 "计算精度". 有时其 "精确度" 高于拟合网格法 (读者自己查阅).

　　实用计算评估:

　　(1) 正是因为拟合因子法是等步长的计算方法, 当 ε 很小, 或者说当网格步长 h 较 ε 大时, 第一个步长可能已经 "跳" 过所谓的边界层 (其宽度普遍认为是 $O(\varepsilon)$). 这种计算方法给出边界层内非常少的计算信息, 有时甚至没有对边界层进行计算.

　　(2) 此方法于 21 世纪被拟合网格法淘汰. 单独采用这一方法从事计算已经非常少见.

　　(3) 最近人们仍采用拟合因子法对部分区间进行计算, 即采用多种方法计算时, 拟合因子法常常是其中的一种. 这类混合方法往往具有高精度的计算效果, 可以说拟合因子法在实际计算中仍发挥重要的作用.

参 考 文 献

[1] Kellogg R B, Tsan A. Analysis of some difference approximations for a singular perturbation problem without turning points. Math. Comp., 1978, 32(144): 1025-1039.

[2] Doolan E P, Miller J J H, Schilders W H A. Uniform Numerical Methods for Problems with Initial and Boundary layers. Dun Laoghaire: Boole Press, 1980.

[3] Farrell P, Hegarty A F, Miller J J H, O'Riordan E, Shishkin G I. Robust Computational Techniques for Boundary Layers. Boca Raton: Chapman and Hall/CRC, 2000.

[4] Farrell P, Hegarty A F, Miller J J H, O'Riordan E, Shishkin G I. Global maximum norm parameter-uniform numerical method for a singularly perturbed convection-diffusion

problem with discontinuous convection coefficient. Mathematics and Computer Modelling, 2004, 40(11-12): 1375-1392.

[5] Varga R S. Matrix Iterative Analysis. Englewood Cliffs: Prentice-Hall, 1962.

[6] Protter M H, Weinberger H F. Maximum Principles in Differential Equations. Englewood Cliffs: Prentice-Hall, 1967.

[7] 蔡新, 林鹏程. 含有小参数的守恒型方程的守恒型差分格式. 华侨大学学报 (自然科学版), 1992, 13(2): 170-176.

[8] 蔡新, 林鹏程. 守恒型奇摄动常微分方程混合边值问题的数值解法. 华侨大学学报 (自然科学版), 1990, 11(4): 344-352.

[9] Cai X, Liu F. Uniform convergence difference schemes for singularly perturbed mixed boundary problems. J. Comput. Appl. Math., 2004, 166(1): 31-54.

[10] 曹志浩, 张玉德, 李瑞遐. 矩阵计算和方程求根. 北京: 高等教育出版社, 1979.

[11] Cai X. A conservative difference scheme for conservative differential equation with periodic boundary. Appl. Math. Mech., 2001, 22(10): 1210-1215.

[12] Cai X, Liu F. A Reynolds uniform scheme for singularly perturbed parabolic differential equation. ANZIAM J, 2005, 47: 633-648.

[13] Bakhvalov N. S. On the optimization of methods for boundary-value problems with boundary layers(Russian). Math. Comp. Phys., 1969, 4: 841-859.

[14] Jayakumar J. Improvement of numerical solution by boundary value technique for singularly perturbed one dimensional reaction diffusion problem. Appl. Math. Comput., 2003, 142(2-3): 417-447.

[15] Beckett G, Mackenzie J. A. On a uniformly accurate finite difference approximation of a singularly perturbed reaction-diffusion problem using grid equidistribution. J. Comput. Appl. Math., 2001, 131(1-2): 381-405.

[16] Stynes M, Roos H G. The midpoint upwind scheme. Appl. Numer. Math., 1997, 23(3): 361-374.

[17] Stynes M, Tobiska L. A finite difference analysis of a streamline diffusion method on a Shishkin mesh. Numer. Algorithms, 1998, 18(3-4): 337-360.

[18] Clavero C, Gracia J L. High order methods for elliptic and time dependent reaction-diffusion singularly perturbed problems. Appl. Math. Comput., 2005, 168(2): 1109-1127.

[19] Cen Z D. A hybrid difference scheme for a singularly perturbed convection-diffusion problem with discontinuous convection coefficient. Appl. Math. Comput., 2005, 169(1): 689-699.

第 3 章 奇异摄动初值问题的混合差分格式

3.1 一致收敛定义

本章考虑奇异摄动初值问题. 最高阶导数项含有小参数 ε 的初值问题称为奇异摄动初值问题. 奇异摄动初值问题广泛存在于流体力学、量子力学、弹性力学等应用领域. 奇异摄动初值问题的数值方法的经典收敛结果为

$$\|u - U\| \leqslant Kh^k,$$

这里 u 为初值问题的准确解, U 为初值问题的数值解, h 为网格步长, k 为数值格式的收敛阶, K 为依赖于精确解 u 导数的常数. 因此当摄动系数 ε 趋向于零时必然导致常数 K 趋于无穷大, 这就要求最大步长 h 必须选取为 ε 的正指数次幂的倍数, 即 h 的选取要足够小, 这显然是不切合实际的. 因此要寻求称为一致收敛或稳健的数值方法, 其数值结果是独立于摄动系数 ε 的. 下面给出一致收敛或稳健的数值方法的定义.

定义 3.1.1 (一致收敛或稳健的) 设 u_ε 表示奇异摄动问题的准确解, U_ε^N 表示 u_ε 的一个数值近似解, 且其具有 N 个自由度. 如果它们满足

$$\|u_\varepsilon - U_\varepsilon^N\| \leqslant \vartheta(N), \quad N \leqslant N_0,$$

那么称这个数值方法是关于摄动系数 ε 在模 $\|\cdot\|$ 意义下一致收敛的, 或称其为稳健的数值方法. 这里函数 ϑ 和阈值 $N_0 > 0$ 是独立于 ε 的, 且满足

$$\lim_{N \to \infty} \vartheta(N) = 0.$$

关于奇异摄动问题的数值解法, 早在 20 世纪 60 年代, Bakhvalov 就引入网格生成函数构造特殊网格求解奇异摄动问题. 20 世纪 80 年代中后期, Gartland 和 Vulanović 给出了在特殊网格上的奇异摄动问题的差分格式, 得到的数值解关于 ε 是一致收敛的[1-12]. 本章构造基于拟合网格的混合差分格式来求解奇异摄动初值问题, 以获得稳定的、二阶一致收敛的数值结果.

无特殊说明, 本书中出现的 N 均表示网格节点数. 本书中出现的 C 表示与 ε, N 无关的正常数, 且在不同地方的 C 可以表示不同的值. 对于任意函数 $g \in C^0[0,1]$ 和一族网格点 $\{x_i\} \subset [0,1]$, 令 $g_i = g(x_i)$. 一般地, ε 是非常小的, 因此可假设其满足 $\varepsilon \leqslant CN^{-1}$.

3.2 一族奇异摄动初值问题的混合差分格式

本节考虑如下一族奇异摄动初值问题

$$
\begin{aligned}
&Tu(t) \equiv \varepsilon u''(t) + a(t)u'(t) + f(t, u(t)), \quad t \in \Omega \equiv (0, 1], \\
&u(0) = A, \\
&lu(0) \equiv \varepsilon u'(0) = B,
\end{aligned}
\tag{3.2.1}
$$

其中, $\varepsilon > 0$ 为小参数, $a(t) \geqslant \alpha > 0$, A 和 B 是给定的常数, $f(t, u)$ 是充分光滑函数且满足

$$
\left| \frac{\partial f}{\partial u} \right| \leqslant \beta, \quad (t, u) \in \Omega \times \mathbb{R}.
$$

本节介绍文献 [13] 中的混合差分格式, 其在离散无穷模意义下是几乎二阶收敛的.

3.2.1 准确解性质

为构造自适应网格和给出误差分析, 需要知道准确解及其导数的有关性质.

引理 3.2.1 问题 (3.2.1) 的准确解及其导数满足如下估计:

$$
\left| u^{(k)}(t) \right| \leqslant C \left\{ 1 + \varepsilon^{-k} \exp\left(-\alpha t / \varepsilon \right) \right\}, \quad t \in \bar{\Omega}, \quad k = 0, 1, \cdots, 4.
$$

证明 将非线性方程 (3.2.1) 改写成如下形式:

$$
\varepsilon u''(t) + a(t)u'(t) + b(t)u(t) = -f(t, 0), \quad t \in \Omega,
\tag{3.2.2}
$$

其中

$$
b(t) = \frac{\partial f}{\partial u}(t, \tilde{u}), \quad \tilde{u} = \gamma u, \quad 0 < \gamma < 1.
$$

上式可进一步写为

$$
\varepsilon(u'(t))' + a(t)u'(t) = F(t), \quad t \in \Omega,
\tag{3.2.3}
$$

其中 $F(t) = -f(t, 0) - b(t)u(t)$.

由式 (3.2.3) 可得

$$
u'(t) = u'(0) \exp\left(-\frac{1}{\varepsilon} \int_0^t a(\tau)\mathrm{d}\tau \right) + \frac{1}{\varepsilon} \int_0^t F(s) \exp\left(-\frac{1}{\varepsilon} \int_s^t a(\tau)\mathrm{d}\tau \right) \mathrm{d}s.
\tag{3.2.4}
$$

对等式 (3.2.4) 两边自 0 到 t 进行积分, 可得

$$
u(t) = A + \frac{B}{\varepsilon} \int_0^t \exp\left(-\frac{1}{\varepsilon} \int_0^s a(\tau)\mathrm{d}\tau \right) \mathrm{d}s
$$

$$+\frac{1}{\varepsilon}\int_0^t \mathrm{d}s \int_0^s F(\tau)\exp\left(-\frac{1}{\varepsilon}\int_\tau^t a(\lambda)\mathrm{d}\lambda\right)\mathrm{d}\tau.$$

对上式交换积分次序可得

$$|u(t)| \leqslant |A| + \frac{|B|}{\varepsilon}\int_0^t \exp\left(-\frac{1}{\varepsilon}\int_0^s a(\tau)\mathrm{d}\tau\right)\mathrm{d}s$$

$$+\frac{1}{\varepsilon}\int_0^t |F(\tau)|\mathrm{d}\tau \int_\tau^t \exp\left(-\frac{1}{\varepsilon}\int_\tau^s a(\lambda)\mathrm{d}\lambda\right)\mathrm{d}s,$$

即

$$|u(t)| \leqslant |A| + \alpha^{-1}\left(|B| + \|f\|_\infty\right) + \alpha^{-1}\int_0^t \|b\|_\infty |u(\tau)|\mathrm{d}\tau. \tag{3.2.5}$$

对式 (3.2.5) 应用 Grönwall 不等式可得

$$|u(t)| \leqslant C, \quad t \in \bar{\Omega}.$$

因此, 当 $k = 0$ 时引理结论成立.

考虑到 $\|F\|_\infty \leqslant C$, 由式 (3.2.4) 可得

$$|u'(t)| \leqslant |u'(0)|\exp\left(-\frac{1}{\varepsilon}\int_0^t a(\tau)\mathrm{d}\tau\right) + \frac{1}{\varepsilon}\int_0^t |F(s)|\exp\left(-\frac{1}{\varepsilon}\int_s^t a(\tau)\mathrm{d}\tau\right)\mathrm{d}s$$

$$\leqslant C\left\{|B|\varepsilon^{-1}\exp\left(-\alpha t/\varepsilon\right) + \alpha^{-1}\left(1 - \exp\left(-\alpha t/\varepsilon\right)\right)\right\}.$$

因此, 当 $k = 1$ 时引理结论也成立.

对方程 (3.2.1) 两边进行求导可得

$$\varepsilon(u''(t))' + a(t)u''(t) = G(t), \quad t \in \Omega, \tag{3.2.6}$$

其中

$$G(t) = \frac{\partial f}{\partial t}(t,u) + \frac{\partial f}{\partial u}(t,u)u'(t) - a'(t)u'(t).$$

则有

$$u''(t) = u''(0)\exp\left(-\frac{1}{\varepsilon}\int_0^t a(\tau)\mathrm{d}\tau\right) + \frac{1}{\varepsilon}\int_0^t G(s)\exp\left(-\frac{1}{\varepsilon}\int_s^t a(\tau)\mathrm{d}\tau\right)\mathrm{d}s \tag{3.2.7}$$

成立. 利用上述估计和假设条件, 可推导得到

$$|G(t)| \leqslant \left|\frac{\partial f}{\partial t}(t,u)\right| + \left|\frac{\partial f}{\partial u}(t,u)\right| \cdot |u'(t)| + |a'(t)| \cdot |u'(t)|$$

$$\leqslant C\left\{1 + \varepsilon^{-1}\exp\left(-\alpha t/\varepsilon\right)\right\}. \tag{3.2.8}$$

由式 (3.2.1) 可得

$$|u''(0)| \leqslant C/\varepsilon^2. \tag{3.2.9}$$

将估计式 (3.2.8) 和 (3.2.9) 代入式 (3.2.7), 可得

$$\begin{aligned}
|u''(t)| &\leqslant \frac{C}{\varepsilon^2} \exp\left(-\frac{\alpha t}{\varepsilon}\right) + \frac{C}{\varepsilon} \int_0^t \left(1 + \frac{1}{\varepsilon} \exp\left(-\frac{\alpha s}{\varepsilon}\right)\right) \exp\left(-\frac{\alpha(t-s)}{\varepsilon}\right) \mathrm{d}s \\
&\leqslant C\left\{1 + \varepsilon^{-2} \exp\left(-\alpha t/\varepsilon\right)\right\}, \quad t \in \bar{\Omega},
\end{aligned}$$

因此, 当 $k = 2$ 时引理结论也成立.

同理, 应用上述步骤可进一步证得当 $k = 3, 4$ 时引理结论也成立.　　　证毕.

为证明数值策略是关于小参数一致收敛的, 需要知道准确解的更加精确的信息. 首先将准确解分解成如下形式:

$$u(t) = v(t) + w(t), \quad t \in \bar{\Omega}, \tag{3.2.10}$$

其中 $v(t)$ 和 $w(t)$ 分别是准确解的正则部分和奇异部分. 正则部分 $v(t)$ 满足如下方程:

$$\begin{cases}
Tv(t) = 0, \quad t \in \Omega, \\
v(0) = v_0(0) + \varepsilon v_1(0) + \varepsilon^2 v_2(0) + \varepsilon^3 v_3(0), \\
v'(0) = v_0'(0) + \varepsilon v_1'(0) + \varepsilon^2 v_2'(0) + \varepsilon^3 v_3'(0),
\end{cases} \tag{3.2.11}$$

奇异部分 $w(t)$ 满足如下方程:

$$\begin{cases}
\varepsilon w''(t) + a(t)w'(t) + f(t, v+w) - f(t, v) = 0, \quad t \in \Omega, \\
w(0) = 0, \\
w'(0) = B/\varepsilon - v'(0).
\end{cases} \tag{3.2.12}$$

这里 $v_i (i = 0, 1, 2, 3)$ 分别是如下方程的解

$$\begin{cases}
a(t)v_0'(t) + f(t, v_0) = 0, \quad t \in \Omega, \\
v_0(0) = A,
\end{cases} \tag{3.2.13}$$

$$\begin{cases}
a(t)v_1'(t) + \varepsilon^{-1}\left[f(t, v_0 + \varepsilon v_1) - f(t, v_0)\right] = -v_0''(t), \quad t \in \Omega, \\
v_1(0) = 0,
\end{cases} \tag{3.2.14}$$

$$\begin{cases}
a(t)v_2'(t) + \varepsilon^{-2}\left[f(t, v_0 + \varepsilon v_1 + \varepsilon^2 v_2) - f(t, v_0 + \varepsilon v_1)\right] = -v_1''(t), \quad t \in \Omega, \\
v_2(0) = 0
\end{cases}$$

$$\tag{3.2.15}$$

和

$$
\begin{cases}
a(t)v_3'(t) + \varepsilon^{-3}\left[f(t, v_0 + \varepsilon v_1 + \varepsilon^2 v_2 + \varepsilon^3 v_3)\right. \\
\quad\quad \left. - f(t, v_0 + \varepsilon v_1 + \varepsilon^2 v_2)\right] = -v_2''(t), \quad t \in \Omega, \\
v_3(0) = 0.
\end{cases}
\tag{3.2.16}
$$

下面给出一个估计奇异部分 $w(t)$ 的有用公式, 具体参见文献 [14] 中的定理 3.

引理 3.2.2　假设 $a(t) \geqslant \alpha > 0$, 对于定义在区域 $\bar{\Omega}$ 上的任意函数 $p(t)$ 和 $\hat{p}(t)$, 如果 $p(0) = \hat{p}(0)$, 那么有

$$
|p(t) - \hat{p}(t)| \leqslant C\left[\int_0^1 |Tp(x) - T\hat{p}(x)|\mathrm{d}x + |p(1) - \hat{p}(1)|\exp\left(-\alpha t/\varepsilon\right)\right]
$$

成立.

应用上述引理可得如下正则部分 $v(t)$ 和奇异部分 $w(t)$ 的估计.

引理 3.2.3　正则部分 $v(t)$ 和奇异部分 $w(t)$ 及其导数满足如下估计

$$
\left|v^{(k)}(t)\right| \leqslant C, \quad t \in \bar{\Omega}, \quad k = 0, 1, 2, 3, 4, \tag{3.2.17}
$$

$$
\left|w^{(k)}(t)\right| \leqslant C\varepsilon^{-k}\exp\left(-\alpha t/\varepsilon\right), \quad t \in \bar{\Omega}, \quad k = 0, 1, 2, 3, 4. \tag{3.2.18}
$$

证明　由于函数 $v_0(x)$ 及其导数是独立于小参数 ε 的, 因此可得

$$
\left|v_0^{(k)}(t)\right| \leqslant C, \quad t \in \bar{\Omega}, \quad 0 \leqslant k \leqslant 4. \tag{3.2.19}
$$

由方程 (3.2.14) 可得

$$
a(t)v_1'(t) - \frac{\partial f}{\partial u}(t, \xi)v_1(t) = -v_0''(t), \tag{3.2.20}
$$

其中 ξ 介于 v_0 和 $v_0 + \varepsilon v_1$ 之间. 结合式 (3.2.19) 和 (3.2.20), 可得

$$
\left|v_1^{(k)}(t)\right| \leqslant C, \quad t \in \bar{\Omega}, \quad k = 0, 1. \tag{3.2.21}
$$

对方程 (3.2.20) 两边求导, 结合上述估计可得

$$
\left|v_1^{(k)}(t)\right| \leqslant C, \quad t \in \bar{\Omega}, \quad k = 2, 3, 4. \tag{3.2.22}
$$

应用同样的方法可得

$$
\left|v_i^{(k)}(t)\right| \leqslant C, \quad t \in \bar{\Omega}, \quad i = 2, 3, \quad 0 \leqslant k \leqslant 4. \tag{3.2.23}
$$

令 $v_4(x)$ 是如下方程

$$
\begin{cases}
\varepsilon v_4''(t) + a(t)v_4'(t) \\
\quad + \varepsilon^{-4}[f(t, v_0 + \varepsilon v_1 + \varepsilon^2 v_2 + \varepsilon^3 v_3 + \varepsilon^4 v_4) \\
\quad - f(t, v_0 + \varepsilon v_1 + \varepsilon^2 v_2 + \varepsilon^3 v_3)] = v_3''(t), \\
v_4(0) = 0, \quad v_4'(0) = 0
\end{cases}
$$

的解, 那么函数 $v(x)$ 可写成如下形式:

$$v(t) = v_0(t) + \varepsilon v_1(t) + \varepsilon^2 v_2(t) + \varepsilon^3 v_3(t) + \varepsilon^4 v_4(t). \qquad (3.2.24)$$

由引理 3.2.1 可知, $v_4(x)$ 及其导数满足如下估计:

$$\left| v_4^{(k)}(t) \right| \leqslant C\varepsilon^{-k}, \quad t \in \bar{\Omega}, \quad 0 \leqslant k \leqslant 4. \qquad (3.2.25)$$

因此, 结合 (3.2.19)—(3.2.25) 可证得估计式 (3.2.17) 成立.

下面估计奇异部分 $w(t)$ 及其导数的界. 由引理 3.2.1 可知

$$
\begin{aligned}
|w(t)| &= |u(t) - v(t)| \\
&\leqslant C \left[\int_0^1 |Tu(x) - Tv(x)| \mathrm{d}x + |u(1) - v(1)| \exp\left(-\alpha t/\varepsilon\right) \right] \\
&\leqslant C \exp\left(-\alpha t/\varepsilon\right), \quad t \in \bar{\Omega}.
\end{aligned} \qquad (3.2.26)
$$

将方程 (3.2.12) 改写为

$$\hat{L}w'(t) \equiv \varepsilon(w'(t))' + a(t)w'(t) = f(t,v) - f(t,v+w). \qquad (3.2.27)$$

容易知道微分算子 $\hat{L}$ 满足极大模原理. 另外, 结合式 (3.2.1), (3.2.10) 和 (3.2.17) 可得

$$|w'(t)| \leqslant C\varepsilon^{-1}, \quad t \in \bar{\Omega}.$$

因此, 选取

$$\Phi(t) = C\varepsilon^{-1} \exp\left(-\alpha t/\varepsilon\right)$$

为障碍函数, 应用极大模原理可得

$$|w'(t)| \leqslant C\varepsilon^{-1} \exp\left(-\alpha t/\varepsilon\right), \quad t \in \bar{\Omega}. \qquad (3.2.28)$$

结合式 (3.2.26)—(3.2.38) 可得

$$|w''(t)| \leqslant C\varepsilon^{-2} \exp\left(-\alpha t/\varepsilon\right), \quad t \in \bar{\Omega}. \qquad (3.2.29)$$

对方程 (3.2.27) 两边分别求导一次和两次, 结合上述估计式可得

$$\left| w^{(k)}(t) \right| \leqslant C\varepsilon^{-k} \exp\left(-\alpha t/\varepsilon\right), \quad t \in \bar{\Omega}, \quad k = 3,4. \qquad (3.2.30)$$

因此, 由式 (3.2.26) 和 (3.2.28)—(3.2.30) 可证得估计式 (3.2.18) 成立. 证毕.

3.2.2 差分格式

令网格离散参数 N 是一个正偶数, 网格转折点 σ 为

$$\sigma = \min\left\{\frac{1}{2}, \frac{2\varepsilon}{\alpha}\ln N\right\}.$$

本节假设 $\sigma = \dfrac{2\varepsilon}{\alpha}\ln N$, 否则 N^{-1} 相对于 ε 是指数小的, 这导致离散策略收敛阶可以应用经典方法来分析. 将区间 $[0, \sigma]$ 和 $[\sigma, 1]$ 分别分解为 $\dfrac{N}{2}$ 个等距的小区间, 构建如下分片一致的 Shishkin 网格为

$$t_i = \begin{cases} \dfrac{2\sigma}{N}i, & 0 \leqslant i \leqslant N/2, \\[3mm] \sigma + \dfrac{2(1-\sigma)}{N}\left(i - \dfrac{N}{2}\right), & N/2 < i \leqslant N. \end{cases} \tag{3.2.31}$$

则网格步长 $h_i = t_i - t_{i-1}$ 满足

$$h_i = \begin{cases} h \equiv \dfrac{2\sigma}{N}, & 0 \leqslant i \leqslant N/2, \\[3mm] H \equiv \dfrac{2(1-\sigma)}{N}, & N/2 < i \leqslant N. \end{cases} \tag{3.2.32}$$

在 Shishkin 网格 (3.2.31) 上构建如下混合差分格式来求解奇异摄动方程 (3.2.1):

$$\begin{cases} T^N U_i = 0, & 1 \leqslant i < N, \\ U_0 = A, \\ l^N U_0 = B, \end{cases} \tag{3.2.33}$$

其中

$$T^N U_i \equiv \begin{cases} \dfrac{2\varepsilon}{h_i + h_{i+1}}\left(\dfrac{U_{i+1} - U_i}{h_{i+1}} - \dfrac{U_i - U_{i-1}}{h_i}\right) \\[3mm] \quad + a_i \dfrac{U_{i+1} - U_{i-1}}{h_i + h_{i+1}} + f(t_i, U_i), & 1 \leqslant i < N/2, \\[4mm] \dfrac{2\varepsilon}{h_i + h_{i+1}}\left(\dfrac{U_{i+1} - U_i}{h_{i+1}} - \dfrac{U_i - U_{i-1}}{h_i}\right) \\[3mm] \quad + a_{i+1/2}\dfrac{U_{i+1} - U_i}{h_{i+1}} + f\left(t_{i+1/2}, \dfrac{U_i + U_{i+1}}{2}\right), & N/2 \leqslant i < N, \end{cases}$$

$$l^N U_0 \equiv \varepsilon \frac{-U_2 + 4U_1 - 3U_0}{2h}.$$

此混合差分策略是加密网格上的两阶差分格式和粗网格上的中点迎风差分格式的混合. 下面将证明此策略是几乎二阶收敛的, 而且是关于小参数一致收敛的.

3.2.3 误差估计

令 $z_i = U_i - u_i$, 这里 U_i 是离散问题 (3.2.33) 的解, u_i 是连续问题 (3.2.1) 在网格节点 t_i 处的解. 则误差 z_i 满足如下的离散问题

$$\begin{cases} L^N z_i = R_i, & i = 1, 2, \cdots, N-1, \\ z_0 = 0, \\ l^N z_0 = R_0, \end{cases} \tag{3.2.34}$$

其中

$$L^N z_i \equiv \begin{cases} \dfrac{2\varepsilon}{h_i + h_{i+1}} \left(\dfrac{z_{i+1} - z_i}{h_{i+1}} - \dfrac{z_i - z_{i-1}}{h_i} \right) \\ \qquad + a_i \dfrac{z_{i+1} - z_{i-1}}{h_i + h_{i+1}} + c_i z_i, & 1 \leqslant i < N/2, \\ \dfrac{2\varepsilon}{h_i + h_{i+1}} \left(\dfrac{z_{i+1} - z_i}{h_{i+1}} - \dfrac{z_i - z_{i-1}}{h_i} \right) \\ \qquad + a_{i+1/2} \dfrac{z_{i+1} - z_i}{h_{i+1}} + c_i \dfrac{z_i + z_{i+1}}{2}, & N/2 \leqslant i < N, \end{cases}$$

$$c_i = \begin{cases} \dfrac{\partial f}{\partial u} \left(t_i, u_i + \rho_i (U_i - u_i) \right), & 1 \leqslant i < N/2, \\ \dfrac{\partial f}{\partial u} \left(t_{i+1/2}, u_{i+1/2} + \lambda_i \left(\dfrac{U_i + U_{i+1}}{2} - u_{i+1/2} \right) \right), & N/2 \leqslant i < N, \\ \quad 0 < \rho_i < 1, \quad 0 < \lambda_i < 1 \end{cases}$$

和

$$R_i = \begin{cases} \varepsilon \left(u_0' - \dfrac{-u_2 + 4u_1 - 3u_0}{2h} \right), & i = 0, \\ \varepsilon u_i'' - \dfrac{2\varepsilon}{h_i + h_{i+1}} \left(\dfrac{u_{i+1} - u_i}{h_{i+1}} - \dfrac{u_i - u_{i-1}}{h_i} \right) \\ \qquad + a_i \left(u_i' - \dfrac{u_{i+1} - u_{i-1}}{h_i + h_{i+1}} \right), & 1 \leqslant i < N/2, \\ \varepsilon u_{i+1/2}'' - \dfrac{2\varepsilon}{h_i + h_{i+1}} \left(\dfrac{u_{i+1} - u_i}{h_{i+1}} - \dfrac{u_i - u_{i-1}}{h_i} \right) \\ \qquad + a_{i+1/2} \left(u_{i+1/2}' - \dfrac{u_{i+1} - u_i}{h_{i+1}} \right) \\ \qquad + f \left(t_{i+1/2}, u_{i+1/2} \right) - f \left(t_{i+1/2}, \dfrac{u_i + u_{i+1}}{2} \right), & N/2 \leqslant i < N. \end{cases}$$

引理 3.2.4 假设满足条件 $\varepsilon \leqslant CN^{-1}$, 那么成立如下的截断误差估计:

$$|R_i| \leqslant \begin{cases} C\varepsilon^{-2}h^2, & i = 0 \\ Ch^2\left[1 + \varepsilon^{-3}\exp\left(-\alpha t_{i-1}/\varepsilon\right)\right], & i = 1, \cdots, N/2 - 1, \\ CH^2\left[1 + \varepsilon^{-3}\exp\left(-\alpha t_{i-1}/\varepsilon\right)\right], & i = N/2 + 1, \cdots, N - 1, \\ C\left[H + H^{-1}\exp\left(-\alpha t_{i-1}/\varepsilon\right)\right], & i = N/2, \cdots, N - 1. \end{cases} \qquad (3.2.35)$$

证明　对于 $i = 0$, 应用 $t = 0$ 处的泰勒展开和定理 3.2.1, 容易证得估计式 (3.2.35) 成立.

对于 $1 \leqslant i < \dfrac{N}{2}$, 应用 $t = t_i$ 处的泰勒展开

$$|R_i| \leqslant Ch \int_{t_{i-1}}^{t_{i+1}} \left(\varepsilon \left|u^{(4)}(x)\right| + \left|u'''(x)\right|\right) \mathrm{d}x$$

和定理 3.2.1 可得估计式 (3.2.35) 也成立.

对于 $\dfrac{N}{2} \leqslant i < N$, 应用 $t = t_{i+1/2}$ 处的泰勒展开

$$|R_i| \leqslant C\left[\varepsilon \int_{t_{i-1}}^{t_{i+1}} |u'''(x)|\, \mathrm{d}x + CH \int_{t_{i-1}}^{t_{i+1}} |u'''(x)|\, \mathrm{d}x\right]$$

和定理 3.2.1 及假设条件 $\varepsilon \leqslant CN^{-1}$ 可得估计式 (3.2.35) 成立.

下面应用文献 [15] 中的技巧来进一步推导估计式 (3.2.35). 对于 $\dfrac{N}{2} \leqslant i < N$, 由式 (3.2.34) 可得

$$\begin{aligned}
R_i &= \frac{2\varepsilon}{h_i + h_{i+1}}\left(\frac{z_{i+1} - z_i}{h_{i+1}} - \frac{z_i - z_{i-1}}{h_i}\right) + a_{i+1/2}\frac{z_{i+1} - z_i}{h_{i+1}} + c_i\frac{z_i + z_{i+1}}{2} \\
&= \frac{2\varepsilon}{h_i + h_{i+1}}\left(\frac{U_{i+1} - U_i}{h_{i+1}} - \frac{U_i - U_{i-1}}{h_i}\right) + a_{i+1/2}\frac{U_{i+1} - U_i}{h_{i+1}} \\
&\quad - \frac{2\varepsilon}{h_i + h_{i+1}}\left(\frac{u_{i+1} - u_i}{h_{i+1}} - \frac{u_i - u_{i-1}}{h_i}\right) - a_{i+1/2}\frac{u_{i+1} - u_i}{h_{i+1}} \\
&\quad + f\left(t_{i+1/2}, \frac{U_i + U_{i+1}}{2}\right) - f\left(t_{i+1/2}, \frac{u_i + u_{i+1}}{2}\right) \\
&= \varepsilon u''_{i+1/2} + a_{i+1/2}u'_{i+1/2} - \frac{2\varepsilon}{h_i + h_{i+1}}\left(\frac{u_{i+1} - u_i}{h_{i+1}} - \frac{u_i - u_{i-1}}{h_i}\right) \\
&\quad - a_{i+1/2}\frac{u_{i+1} - u_i}{h_{i+1}} - f\left(t_{i+1/2}, \frac{u_i + u_{i+1}}{2}\right) + f(t_{i+1/2}, u_{i+1/2}).
\end{aligned}$$

利用准确解的分解 $u = v + w$ 进一步可得

$$R_i = \varepsilon v''_{i+1/2} + \varepsilon w''_{i+1/2} + a_{i+1/2}v'_{i+1/2} + a_{i+1/2}w'_{i+1/2}$$

$$- \frac{2\varepsilon}{h_i + h_{i+1}} \left(\frac{v_{i+1} - v_i}{h_{i+1}} - \frac{v_i - v_{i-1}}{h_i} \right)$$

$$- a_{i+1/2} \frac{v_{i+1} - v_i}{h_{i+1}} - \frac{2\varepsilon}{h_i + h_{i+1}} \left(\frac{w_{i+1} - w_i}{h_{i+1}} - \frac{w_i - w_{i-1}}{h_i} \right) - a_{i+1/2} \frac{w_{i+1} - w_i}{h_{i+1}}$$

$$- f\left(t_{i+1/2}, \frac{u_i + u_{i+1}}{2} \right) + f(t_{i+1/2}, u_{i+1/2})$$

$$= \left(T v_{i+1/2} - T^N v_i \right) - \frac{2\varepsilon}{h_i + h_{i+1}} \left(\frac{w_{i+1} - w_i}{h_{i+1}} - \frac{w_i - w_{i-1}}{h_i} \right)$$

$$- \frac{a_{i+1/2}}{h_{i+1}} \left(w_{i+1} - w_i \right) - \int_{\frac{v_i + v_{i+1}}{2}}^{\frac{u_i + u_{i+1}}{2}} \frac{\partial f}{\partial u} (t_{i+1/2}, s) \mathrm{d}s + \varepsilon w''_{i+1/2} + a_{i+1/2} w'_{i+1/2}$$

$$+ f\left(t_{i+1/2}, u_{i+1/2} \right) - f\left(t_{i+1/2}, v_{i+1/2} \right)$$

$$= \left(T v_{i+1/2} - T^N v_i \right) - \frac{2\varepsilon}{h_i + h_{i+1}} \left(\frac{w_{i+1} - w_i}{h_{i+1}} - \frac{w_i - w_{i-1}}{h_i} \right)$$

$$- \frac{a_{i+1/2}}{h_{i+1}} \left(w_{i+1} - w_i \right) - \int_{\frac{v_i + v_{i+1}}{2}}^{\frac{u_i + u_{i+1}}{2}} \frac{\partial f}{\partial u} (t_{i+1/2}, s) \mathrm{d}s, \tag{3.2.36}$$

其中上式最后一步的推导用到了等式 (3.2.12). 应用 $t = t_{i+1/2}$ 处的泰勒展开和估计式 (3.2.17) 可得

$$\left| T v_{i+1/2} - T^N v_i \right| \leqslant C\varepsilon (h_i + h_{i+1}) + Ch_{i+1}^2. \tag{3.2.37}$$

容易证得

$$\varepsilon \left| \frac{w_{i+1} - w_i}{h_{i+1}} - \frac{w_i - w_{i-1}}{h_i} \right| \leqslant C \exp\left(-\alpha t_{i-1}/\varepsilon \right),$$

上式推导中用到了估计式 (3.2.18). 因此, 结合式 (3.2.36), (3.2.37), (3.2.18) 和假设条件 $\varepsilon \leqslant CN^{-1}$ 可得

$$|R_i| \leqslant \left| L v_{i+1/2} - L^N v_i \right| + \frac{2\varepsilon}{h_i + h_{i+1}} \left| \frac{w_{i+1} - w_i}{h_{i+1}} - \frac{w_i - w_{i-1}}{h_i} \right|$$

$$+ \frac{a_{i+1/2}}{h_{i+1}} |w_{i+1} - w_i| + \int_{\frac{v_i + v_{i+1}}{2}}^{\frac{u_i + u_{i+1}}{2}} \left| \frac{\partial f}{\partial u} (t_{i+1/2}, s) \right| \mathrm{d}s$$

$$\leqslant C \left\{ H + H^{-1} \exp\left(-\alpha t_{i-1}/\varepsilon \right) \right\}.$$

至此完成引理证明. 证毕.

下面给出数值策略 (3.3.1) 的误差估计.

定理 3.2.1 假设满足条件 $\varepsilon \leqslant CN^{-1}$, 那么混合差分策略 (3.2.33) 的误差估计为

$$|u_i - U_i| \leqslant CN^{-2} \ln^2 N, \quad i = 0, 1, \cdots, N.$$

证明　令 $y_i = \dfrac{z_{i+1} - z_i}{h_{i+1}}$, 则差分方程 (3.2.33) 可写成如下形式:

$$\begin{cases} \varepsilon\left(y_i - y_{i-1}\right) + \dfrac{a_i}{2}\left(h_{i+1} y_i + h_i y_{i-1}\right) = Q_i, & 1 \leqslant i < N/2, \\ \varepsilon\left(y_i - y_{i-1}\right) + \dfrac{a_{i+1/2}}{2}\left(h_i + h_{i+1}\right) y_i = Q_i, & N/2 \leqslant i < N-1, \\ \varepsilon\left(3 y_0 - y_1\right) = 2 R_0, \end{cases} \qquad (3.2.38)$$

其中

$$Q_i = \begin{cases} \dfrac{h_i + h_{i+1}}{2}\left(R_i - c_i z_i\right), & 1 \leqslant i < N/2, \\ \dfrac{h_i + h_{i+1}}{2}\left(R_i - c_i \dfrac{z_i + z_{i+1}}{2}\right), & N/2 \leqslant i < N-1. \end{cases}$$

求解一阶差分方程 (3.2.38) 可得

$$y_0 = \frac{Q_1 + 2 R_0 \left(1 + \dfrac{a_1}{2\varepsilon} h\right)}{2\varepsilon + 2 a_1 h}.$$

应用 $h_i = h\left(1 \leqslant i \leqslant \dfrac{N}{2}\right)$ 和 $z_0 = 0$ 可得

$$\frac{z_1}{h} = \frac{h\left(R_1 - c_1 z_1\right) + 2 R_0 \left(1 + \dfrac{a_1}{2\varepsilon} h\right)}{2\varepsilon + 2 a_1 h}.$$

因此, 对于充分大的 N 有

$$|z_1| = \frac{\left|h^2 R_1 + 2 h R_0 \left(1 + \dfrac{a_1}{2\varepsilon} h\right)\right|}{2\varepsilon + 2 a_1 h + c_1 h^2} \leqslant C N^{-3} \ln^3 N \leqslant C N^{-2} \ln^2 N \qquad (3.2.39)$$

成立, 上式证明中用到了式 (3.2.35) 和网格步长 (3.2.32). 同时, 还可以得到

$$|y_0| = |z_1| / h \leqslant C \varepsilon^{-1} N^{-2} \ln^2 N. \qquad (3.2.40)$$

求解关于 $y_i \left(1 \leqslant i \leqslant \dfrac{N}{2}\right)$ 的一阶差分方程 (3.2.38) 可得

$$y_i = y_0 \prod_{k=1}^{i} \left(\frac{1 - \dfrac{h}{2\varepsilon} a_k}{1 + \dfrac{h}{2\varepsilon} a_k}\right) + \sum_{k=1}^{i} \frac{Q_k}{\varepsilon + \dfrac{1}{2} a_k h} \prod_{j=k+1}^{i} \left(\frac{1 - \dfrac{h}{2\varepsilon} a_j}{1 + \dfrac{h}{2\varepsilon} a_j}\right). \qquad (3.2.41)$$

由此可得

$$|y_i| \leqslant |y_0| \exp\left(-h \sum_{k=1}^{i} \frac{a_k / \varepsilon}{1 + a_k h / (2\varepsilon)}\right)$$

$$+ \sum_{k=1}^{i} \frac{|Q_k|}{\varepsilon} \exp\left(-h \sum_{j=k+1}^{i} \frac{a_j/\varepsilon}{1+a_j h/(2\varepsilon)}\right), \quad 1 \leqslant i \leqslant \frac{N}{2}. \quad (3.2.42)$$

由于

$$z_l = h \sum_{i=0}^{l-1} y_i = h \sum_{i=1}^{l} y_{i-1},$$

因此, 由式 (3.2.41) 和 (3.2.42) 可得

$$|z_l| \leqslant |y_0| \, h \sum_{i=1}^{l} \exp\left(-h \sum_{k=1}^{i-1} \frac{a_k/\varepsilon}{1+a_k h/(2\varepsilon)}\right)$$
$$+ h \sum_{i=1}^{l} \left\{ \sum_{k=1}^{i-1} \frac{|Q_k|}{\varepsilon} \exp\left(-h \sum_{j=k+1}^{i-1} \frac{a_j/\varepsilon}{1+a_j h/(2\varepsilon)}\right) \right\}, \quad 1 \leqslant i \leqslant \frac{N}{2}. \quad (3.2.43)$$

对于不等式 (3.2.43) 右边第一项有

$$h \sum_{i=1}^{l} \exp\left(-h \sum_{k=1}^{i-1} \frac{a_k/\varepsilon}{1+a_k h/(2\varepsilon)}\right)$$
$$\leqslant h \sum_{i=1}^{l} \exp\left(\frac{-\alpha t_{i-1}}{\varepsilon + \alpha h/2}\right)$$
$$\leqslant \frac{h}{1 - \exp\left(\dfrac{-\alpha h}{\varepsilon + \alpha h/2}\right)}$$
$$\leqslant 4\alpha^{-1}\varepsilon, \quad 1 \leqslant i \leqslant \frac{N}{2} \quad (3.2.44)$$

成立, 上式证明中用到了不等式 $\dfrac{1}{1-\mathrm{e}^{-t}} \leqslant 1 + \dfrac{1}{t}(t>0)$. 对于不等式 (3.2.43) 右边第二项, 应用上述方法同样可得

$$h \sum_{i=1}^{l} \left\{ \sum_{k=1}^{i-1} \frac{|Q_k|}{\varepsilon} \exp\left(-h \sum_{j=k+1}^{i-1} \frac{a_j/\varepsilon}{1+a_j h/(2\varepsilon)}\right) \right\} \leqslant 4\alpha^{-1} \sum_{k=1}^{l-1} |Q_k|. \quad (3.2.45)$$

因此, 结合式 (3.2.43)—(3.2.45) 可得

$$|z_l| \leqslant 4\alpha^{-1}\varepsilon \, |y_0| + 4\alpha^{-1} \sum_{k=1}^{l-1} |Q_k|$$
$$\leqslant 4\alpha^{-1}\varepsilon \, |y_0| + 4\alpha^{-1} h \sum_{k=1}^{l-1} (|R_k| + \beta \, |z_k|), \quad 1 \leqslant i \leqslant \frac{N}{2}.$$

对上式应用离散形式的 Grönwall 不等式可得

$$
|z_l| \leqslant 4\alpha^{-1} \exp\left(4\alpha^{-1}\beta\right) \left(\varepsilon |y_0| + h \sum_{k=1}^{l-1} |R_k|\right)
$$

$$
\leqslant C \left(N^{-2}\ln^2 N + \varepsilon^{-3}h^3 \sum_{k=1}^{l-1} \exp\left(-\alpha t_{k-1}/\varepsilon\right)\right)
$$

$$
\leqslant C \left(N^{-2}\ln^2 N + \varepsilon^{-3}h^3 \frac{1-\exp\left(-\alpha t_{l-1}/\varepsilon\right)}{1-\exp\left(-\alpha h/\varepsilon\right)}\right)
$$

$$
\leqslant C \left(N^{-2}\ln^2 N + N^{-3}\ln^3 N\right) \leqslant C N^{-2}\ln^2 N, \quad 1 \leqslant l \leqslant \frac{N}{2}, \tag{3.2.46}
$$

上式证明用到了估计式 (3.2.40) 和网格步长 (3.2.32).

对于 $i = \dfrac{N}{2}$, 由差分方程 (3.2.38) 可得

$$
|z_{N/2}| \leqslant \left[\frac{\varepsilon}{h^2} + \frac{a_{N/2-1}}{2h}\right]^{-1} \cdot \left[\left|\frac{2\varepsilon}{h^2} - c_{N/2-1}\right| \cdot |z_{N/2-1}|\right.
$$

$$
+ \left|\frac{\varepsilon}{h^2} - \frac{a_{N/2-1}}{2h}\right| \cdot |z_{N/2-2}| + |R_{N/2-1}|\right]
$$

$$
\leqslant C N^{-2}\ln^2 N, \tag{3.2.47}
$$

上式证明用到了估计式 (3.2.35) 和 (3.2.46).

由式 (3.2.42) 可得

$$
|y_{N/2-1}| \leqslant |y_0| \exp\left(-h \sum_{k=1}^{N/2-1} \frac{a_k/\varepsilon}{1 + a_k h/(2\varepsilon)}\right)
$$

$$
+ \sum_{k=1}^{N/2-1} \frac{|Q_k|}{\varepsilon} \exp\left(-h \sum_{j=k+1}^{N/2-1} \frac{a_j/\varepsilon}{1 + a_j h/(2\varepsilon)}\right). \tag{3.2.48}
$$

对于不等式 (3.2.48) 右边第一项, 有

$$
|y_0| \exp\left(-h \sum_{k=1}^{N/2-1} \frac{a_k/\varepsilon}{1 + a_k h/(2\varepsilon)}\right)
$$

$$
\leqslant |y_0| \exp\left(-h \sum_{k=1}^{N/2-1} \frac{\alpha}{\varepsilon + \alpha h/2}\right)
$$

$$
\leqslant |y_0| \exp\left(-\frac{\alpha t_{N/2-1}}{\varepsilon + \alpha h/2}\right)
$$

$$\leqslant C\varepsilon^{-1}N^{-2}\ln^2 N \tag{3.2.49}$$

成立, 上式证明中用到了估计式 (3.2.40). 对于不等式 (3.2.48) 右边第二项, 有如下估计

$$
\begin{aligned}
&\sum_{k=1}^{N/2-1} \frac{|Q_k|}{\varepsilon} \exp\left(-h\sum_{j=k+1}^{N/2-1} \frac{a_j/\varepsilon}{1+a_jh/(2\varepsilon)}\right) \\
&\leqslant \sum_{k=1}^{N/2-1} \frac{h\left(|R_k|+|c_k|\cdot|z_k|\right)}{\varepsilon} \exp\left(-h\sum_{j=k+1}^{N/2-1} \frac{\alpha}{\varepsilon+\alpha h/2}\right) \\
&\leqslant C\varepsilon^{-1}N^{-3}\ln^3 N \sum_{k=1}^{N/2-1} \exp\left(-h\sum_{j=k+1}^{N/2-1} \frac{\alpha}{\varepsilon+\alpha h/2}\right) \\
&\leqslant C\varepsilon^{-1}N^{-3}\ln^3 N \cdot \frac{\exp\left(-\dfrac{(N/2-2)\alpha h}{\varepsilon+\alpha h/2}\right) - \exp\left(\dfrac{\alpha h}{\varepsilon+\alpha h/2}\right)}{1-\exp\left(\dfrac{\alpha h}{\varepsilon+\alpha h/2}\right)} \\
&\leqslant C\varepsilon^{-1}N^{-3}\ln^3 N \leqslant C\varepsilon^{-1}N^{-2}\ln^2 N. \tag{3.2.50}
\end{aligned}
$$

因此, 结合式 (3.2.48)—(3.2.50) 可得

$$\left|y_{N/2-1}\right| \leqslant C\varepsilon^{-1}N^{-2}\ln^2 N. \tag{3.2.51}$$

求解关于 $y_i\left(i=\dfrac{N}{2}\right)$ 的一阶差分方程 (3.2.38) 可得

$$y_{N/2} = \left(\varepsilon + \frac{h_{N/2}+h_{N/2+1}}{2}a_{N/2+1/2}\right)^{-1}\left(\varepsilon y_{N/2-1} + Q_{N/2}\right). \tag{3.2.52}$$

则有

$$
\begin{aligned}
z_{N/2+1} = z_{N/2} &+ h_{N/2+1}\left(\varepsilon + \frac{h_{N/2}+h_{N/2+1}}{2}a_{N/2+1/2}\right)^{-1} \\
&\cdot \left[\varepsilon y_{N/2-1} + \frac{h_{N/2}+h_{N/2+1}}{2}\left(R_{N/2} - c_{N/2}\frac{z_{N/2}+z_{N/2+1}}{2}\right)\right],
\end{aligned}
$$

即

$$z_{N/2+1} = \left[1 + h_{N/2+1}\left(\varepsilon + \frac{h_{N/2}+h_{N/2+1}}{2}a_{N/2+1/2}\right)^{-1} \cdot \frac{h_{N/2}+h_{N/2+1}}{4}c_{N/2}\right]^{-1}$$

$$\cdot \left\{ z_{N/2} + h_{N/2+1} \left(\varepsilon + \frac{h_{N/2} + h_{N/2+1}}{2} a_{N/2+1/2} \right)^{-1} \right.$$

$$\left. \cdot \left[\varepsilon y_{N/2-1} + \frac{h_{N/2} + h_{N/2+1}}{2} \left(R_{N/2} - \frac{1}{2} c_{N/2} z_{N/2} \right) \right] \right\}. \tag{3.2.53}$$

由式 (3.2.35) 可得

$$\begin{aligned} |R_{N/2}| &\leqslant C \left\{ H + H^{-1} \exp \left(-\alpha t_{N/2-1}/\varepsilon \right) \right\} \\ &\leqslant C \left\{ N^{-1} + N \exp \left(-\alpha t_{N/2}/\varepsilon \right) \cdot \exp \left(\alpha h/\varepsilon \right) \right\} \\ &\leqslant C N^{-1}. \end{aligned} \tag{3.2.54}$$

将不等式 (3.2.47), (3.2.51) 和 (3.2.54) 代入 (3.2.53) 可得

$$|z_{N/2+1}| \leqslant C \left[|z_{N/2}| + \varepsilon |y_{N/2-1}| + H \left(|R_{N/2}| + |z_{N/2}| \right) \right] \leqslant C N^{-2} \ln^2 N. \tag{3.2.55}$$

将不等式 (3.2.47), (3.2.51), (5.2.54) 和 (3.2.55) 代入 (3.2.52) 可得

$$|y_{N/2}| \leqslant C N^{-1} \ln^2 N. \tag{3.2.56}$$

下面求解关于 $y_i \left(\dfrac{N}{2} < i < N \right)$ 的一阶差分方程 (3.2.38) 可得

$$y_i = y_{N/2} \prod_{k=N/2+1}^{i} \left(\frac{\varepsilon}{\varepsilon + H a_{k+1/2}} \right) + \sum_{k=N/2+1}^{i} \frac{Q_k}{\varepsilon + H a_{k+1/2}} \prod_{j=k+1}^{i} \left(\frac{\varepsilon}{\varepsilon + H a_{j+1/2}} \right). \tag{3.2.57}$$

由上式可得

$$|y_i| \leqslant |y_{N/2}| \exp \left(- \sum_{k=N/2+1}^{i} \frac{H\alpha}{\varepsilon + H\alpha} \right) + \sum_{k=N/2+1}^{i} \frac{|Q_k|}{\varepsilon + H\alpha} \exp \left(- \sum_{j=k+1}^{i} \frac{H\alpha}{\varepsilon + H\alpha} \right). \tag{3.2.58}$$

由式 (3.2.57) 和 (3.2.58) 可推导得到

$$\begin{aligned} |z_l| \leqslant |z_{N/2}| &+ |y_{N/2}| H \sum_{i=N/2+1}^{l} \exp \left(- \sum_{k=N/2+1}^{i-1} \frac{H\alpha}{\varepsilon + H\alpha} \right) \\ &+ H \sum_{i=N/2+1}^{l} \left\{ \sum_{k=N/2+1}^{i-1} \frac{|Q_k|}{\varepsilon + H\alpha} \exp \left(- \sum_{j=k+1}^{i-1} \frac{H\alpha}{\varepsilon + H\alpha} \right) \right\}, \quad \frac{N}{2} < l < N. \end{aligned} \tag{3.2.59}$$

应用估计式 (3.2.46) 和 (3.2.47) 的技巧来估计式 (3.2.59) 可得

$$|z_l| \leqslant CN^{-2}\ln^2 N, \quad N/2 < l \leqslant N. \tag{3.2.60}$$

结合估计式 (3.2.39), (3.2.46), (3.2.47), (3.2.55) 和 (3.2.60) 可证得定理结论成立.   证毕.

3.2.4 数值例子

下面考虑一个数值例子来验证理论结果的正确性.

$$\begin{cases} \varepsilon u''(t) + (3+t)u'(t) + u^2(t) - \sin(u(t)) = f(t), \quad t \in (0,1], \\ u(0) = 1, \\ u'(0) = 1/\varepsilon, \end{cases}$$

这里函数 $f(t)$ 的选取使得准确解为

$$u(t) = 2 - e^{-t/\varepsilon} + t^2.$$

分别计算问题的离散最大模误差

$$e_\varepsilon^N = \max_{1\leqslant i\leqslant N}|u_{\varepsilon,i} - U_{\varepsilon,i}|, \qquad D^N = \max_\varepsilon e_\varepsilon^N,$$

收敛速率

$$r^N = \log_2\left(\frac{D^N}{D^{2N}}\right)$$

和应用牛顿迭代法求解非线性方程的迭代次数 K^N. 数值结果 (表 3.1) 验证了定理 3.2.1 的正确性.

表 3.1 混合差分格式 (3.2.33) 在 Shishkin 网格上的误差和收敛速率及迭代次数

ε	网格点数 N					
	32	64	128	256	512	1024
2^0	1.0542e−4	2.6717e−5	6.7245e−6	1.6867e−6	4.2238e−7	1.0568e−7
	1.980	1.990	1.995	1.998	1.999	—
	4	8	12	16	20	24
2^{-3}	9.3714e−3	2.5841e−3	6.8015e−4	1.7463e−4	4.4255e−5	1.1140e−5
	1.859	1.926	1.962	1.980	1.990	—
	5	10	15	20	25	30
2^{-7}	3.2123e−2	1.3009e−2	4.8102e−3	1.6582e−3	5.4247e−4	1.7075e−4
	1.304	1.435	1.536	1.612	1.668	—
	5	10	15	20	25	30
2^{-11}	3.3419e−2	1.3556e−2	5.0237e−3	1.7344e−3	5.6790e−4	1.7885e−4
	1.304	1.435	1.536	1.612	1.668	—
	5	10	15	20	25	30

ε	网格点数 N					
	32	64	128	256	512	1024
2^{-15}	3.3523e−2	1.3604e−2	5.0425e−3	1.7413e−3	5.7024e−4	1.7961e−4
	1.304	1.435	1.536	1.612	1.668	—
	5	10	15	20	25	30
2^{-19}	3.3530e−2	1.3607e−2	5.0437e−3	1.7417e−3	5.7039e−4	1.7966e−4
	1.304	1.435	1.536	1.612	1.668	—
	5	10	15	20	25	30
2^{-23}	3.3530e−2	1.3607e−2	5.0438e−3	1.7418e−3	5.7040e−4	1.7966e−4
	1.304	1.435	1.536	1.612	1.668	—
	5	10	15	20	25	30
2^{-27}	3.3530e−2	1.3607e−2	5.0438e−3	1.7418e−3	5.7040e−4	1.7966e−4
	1.304	1.435	1.536	1.612	1.668	—
	5	10	15	20	25	30
2^{-31}	3.3530e−2	1.3607e−2	5.0438e−3	1.7418e−3	5.7040e−4	1.7966e−4
	1.304	1.435	1.536	1.612	1.668	—
	5	10	15	20	25	30
2^{-35}	3.3530e−2	1.3607e−2	5.0438e−3	1.7418e−3	5.7040e−4	1.7966e−4
	1.304	1.435	1.536	1.612	1.668	—
	5	10	15	20	25	30
D^N	3.3530e−2	1.3607e−2	5.0438e−3	1.7418e−3	5.7040e−4	1.7966e−4
r^N	1.301	1.432	1.534	1.611	1.667	—
K^N	5	10	15	20	25	30

3.3 一族特殊奇异摄动初值问题的混合差分格式

本节考虑如下一族二阶导数项和一阶导数项都含有小参数的奇异摄动初值问题:

$$Lu(x) \equiv \varepsilon^2 u''(x) + \varepsilon a(x)u'(x) + b(x)u(x) = f(x), \quad x \in \Omega \equiv (0,T],$$
$$u(0) = A, \tag{3.3.1}$$
$$L_0 u(0) \equiv u'(0) = B/\varepsilon,$$

其中, $\varepsilon > 0$ 为小参数, A 和 B 是给定的常数, $a(x), b(x)$ 和 $f(x)$ 是充分光滑函数且满足 $a(x) \geqslant \alpha > 0, \beta^* \geqslant b(x) \geqslant \beta > 0$. 准确解 $u(x)$ 在 $x = 0$ 附近存在一个边界层. 此问题的困难在于微分算子不满足极大模原理, 其不同于已有文献 [16,17] 中的含两个小参数的奇异摄动问题. 文献 [18] 分析了奇异摄动问题 (3.3.1), 给出了一个关于小参数一致收敛的差分策略, 其是一阶收敛的. 本节介绍文献 [19] 中的混合差分格式, 其在离散无穷模意义下是几乎二阶收敛的.

3.3.1 准确解性质

为正确地构造自适应网格, 需要知道准确解的有关性质. 由于微分算子不满足极大模原理的奇异摄动问题, 需要一些特殊的技巧来分析准确解的性质.

引理 3.3.1 令函数 $a, b, f \in C^3(\bar{\Omega})$ 满足 $a(x) \geqslant 0, b(x) \geqslant \beta > 0$, 则准确解 $u(x)$ 满足

$$\left| u^{(k)}(x) \right| \leqslant C\varepsilon^{-k} \left\{ \tilde{n} + \max_{0 \leqslant s \leqslant x} |f(s)| + \varepsilon^\rho \max_{0 \leqslant s \leqslant x} \left| f^{(\rho)}(s) \right| + \int_0^x |f'(s)| \, \mathrm{d}s \right\},$$

这里 $x \in \bar{\Omega}, 0 \leqslant k \leqslant 5, \tilde{n} = \sqrt{|B^2 + b(0)A^2 - 2f(0)A|}, \rho = \max\{0, k-2\}$.

证明 文献 [18] 已经给出了 $a(x) \geqslant \alpha > 0$ 情况下引理结论对于 $0 \leqslant k \leqslant 3$ 成立. 应用同样的方法可以证得本引理的结论同样成立. 证毕.

为构建关于小参数一致收敛的数值策略, 需要知道准确解更加精确的信息. 首先将准确解分解成如下形式:

$$u(x) = v(x) + w(x), \tag{3.3.2}$$

这里 $v(x)$ 是准确解的正则部分, $w(x)$ 是准确解的奇异部分. $v(x)$ 是奇异摄动问题

$$\begin{cases} Lv(x) = f(x), & x \in \Omega, \\ v(0) = v_0(0) + \varepsilon v_1(0) + \varepsilon^2 v_2(0) + \varepsilon^3 v_3(0), \\ v'(0) = v_0'(0) + \varepsilon v_1'(0) + \varepsilon^2 v_2'(0) + \varepsilon^3 v_3'(0) \end{cases} \tag{3.3.3}$$

的解, $w(x)$ 是奇异摄动问题

$$\begin{cases} Lw(x) = 0, & x \in \Omega, \\ w(0) = A - v(0), \\ w'(0) = B/\varepsilon - v'(0) \end{cases} \tag{3.3.4}$$

的解, 其中 $v_i(x)(i = 0, 1, 2, 3)$ 分别满足如下方程:

$$\begin{cases} b(x)v_0(x) = f(x), & x \in \Omega, \\ b(x)v_1(x) = -\varepsilon v_0''(x) - a(x)v_0'(x), & x \in \Omega, \\ b(x)v_2(x) = -\varepsilon v_1''(x) - a(x)v_1'(x), & x \in \Omega, \\ b(x)v_3(x) = -\varepsilon v_2''(x) - a(x)v_2'(x), & x \in \Omega. \end{cases} \tag{3.3.5}$$

定理 3.3.1 令函数 $a \in C^9(\bar{\Omega})$ 和 $b, f \in C^{11}(\bar{\Omega})$ 满足 $a(x) \geqslant 0, b(x) \geqslant \beta > 0$. 则准确解的正则部分 $v(x)$ 满足

$$\left| v^{(k)}(x) \right| \leqslant C, \quad 0 \leqslant k \leqslant 4, \quad \left| v^{(5)}(x) \right| \leqslant C\varepsilon^{-1}, \quad x \in \bar{\Omega}. \tag{3.3.6}$$

证明 由于函数 $v_0(x)$ 的各项导数是独立于小参数 ε 的, 因此可得

$$\left| v_0^{(k)}(x) \right| \leqslant C, \quad x \in \bar{\Omega}, \quad 0 \leqslant k \leqslant 11. \tag{3.3.7}$$

由方程 (3.3.5) 容易得到

$$\begin{cases} \left| v_1^{(k)}(x) \right| \leqslant C, & x \in \bar{\Omega},\ 0 \leqslant k \leqslant 9, \\[2mm] \left| v_2^{(k)}(x) \right| \leqslant C, & x \in \bar{\Omega},\ 0 \leqslant k \leqslant 7, \\[2mm] \left| v_3^{(k)}(x) \right| \leqslant C, & x \in \bar{\Omega},\ 0 \leqslant k \leqslant 5. \end{cases} \tag{3.3.8}$$

令 $v_4(x)$ 是如下方程

$$\begin{cases} Lv_4(x) = -\varepsilon v_3''(x) - a(x)v_3'(x), & x \in \Omega, \\ v_4(0) = 0, \quad v_4'(0) = 0 \end{cases}$$

的解, 那么函数 $v(x)$ 可写成如下形式:

$$v(x) = v_0(x) + \varepsilon v_1(x) + \varepsilon^2 v_2(x) + \varepsilon^3 v_3(x) + \varepsilon^4 v_4(x). \tag{3.3.9}$$

由引理 3.3.1 可知, $v_4(x)$ 及其导数满足如下估计:

$$\left| v_4^{(k)}(x) \right| \leqslant C\varepsilon^{-k}, \quad x \in \bar{\Omega}, \quad 0 \leqslant k \leqslant 5. \tag{3.3.10}$$

结合式 (3.3.7)—(3.3.10) 可证得引理成立.   证毕.

　　为估计奇异部分 $w(x)$, 先给出关于如下微分算子

$$\Phi y(t) := \frac{\mathrm{d}^2 y}{\mathrm{d}t^2} + p(t)\frac{\mathrm{d}y}{\mathrm{d}t} + q(t)y(t), \quad t \in [t_0, t_1) \tag{3.3.11}$$

的一个比较原理 (参见文献 [20] 中的定理 0.3.1).

　　引理 3.3.2　令算子 Φ 满足

$$p(t) \geqslant 0, \quad t \in [t_0, t_1)$$

和

$$2p'(t) + p^2(t) - 4q(t) \geqslant 0, \quad t \in [t_0, t_1),$$

$y(t)$ 在区间 $[t_0, t_1)$ 上满足

$$\Phi y(t) \geqslant 0, \quad t \in [t_0, t_1), \quad y(t_0) \geqslant 0, \quad y'(t_0) \geqslant 0.$$

则 $y(t)$ 满足如下一阶微分方程

$$y'(t) + \frac{1}{2}p(t)y(t) \geqslant 0, \quad t \in [t_0, t_1),$$

即

$$y(t) \geqslant y(t_0) \exp\left(-\frac{1}{2}\int_{t_0}^{t_1} p(s)\mathrm{d}s\right), \quad t \in [t_0, t_1].$$

下面将奇异部分 $w(x)$ 作如下分解:

$$w(x) = w_0(x) + w_1(x) + w_2(x) + w_3(x), \tag{3.3.12}$$

其中 $w_i(x)(i = 0, 1, 2, 3)$ 分别满足如下方程:

$$\begin{cases} \varepsilon^2 w_0''(x) + \varepsilon a(0)w_0'(x) + b(0)w_0(x) = 0, & x \in \Omega, \\ w_0(0) = A_1 \equiv A - v(0), \\ w_0'(0) = B_1/\varepsilon \equiv (B - \varepsilon v'(0))/\varepsilon, \end{cases} \tag{3.3.13}$$

$$\begin{cases} \varepsilon^2 w_1''(x) + \varepsilon a(0)w_1'(x) + b(0)w_1(x) = \varphi_1(x), & x \in \Omega, \\ w_1(0) = 0, \quad w_1'(0) = 0, \\ \varphi_1(x) = \varepsilon\left(a(0) - a(x)\right)w_0'(x) + \left(b(0) - b(x)\right)w_0(x), \end{cases} \tag{3.3.14}$$

$$\begin{cases} \varepsilon^2 w_2''(x) + \varepsilon a(0)w_2'(x) + b(0)w_2(x) = \varphi_2(x), & x \in \Omega, \\ w_2(0) = 0, \quad w_2'(0) = 0, \\ \varphi_2(x) = \varepsilon\left(a(0) - a(x)\right)w_1'(x) + \left(b(0) - b(x)\right)w_1(x) \end{cases} \tag{3.3.15}$$

和

$$\begin{cases} Lw_3(x) = \varphi_3(x), & x \in \Omega, \\ w_3(0) = 0, \quad w_3'(0) = 0, \\ \varphi_3(x) = \varepsilon\left(a(0) - a(x)\right)w_2'(x) + \left(b(0) - b(x)\right)w_2(x). \end{cases} \tag{3.3.16}$$

在文献 [18] 中奇异部分被分解成两个部分, 但是其结果不能满足本节所构建的离散策略误差分析的精度要求. (3.3.12) 把奇异部分 $w(x)$ 分解成四个部分, 引理 3.3.3—引理 3.3.6 将分别给出这四个部分的估计, 以获得奇异部分 $w(x)$ 及其导数更加精确的信息.

引理 3.3.3 方程 (3.3.13) 的解 $w_0(x)$ 及其导数满足如下估计:

$$\left|w_0^{(k)}(x)\right| \leqslant C\varepsilon^{-k}\mathrm{e}^{-mx/\varepsilon}, \quad x \in \bar{\Omega}, \quad k = 0, 1, \cdots, 5, \tag{3.3.17}$$

其中

$$m = \begin{cases} \left(a(0) - \sqrt{a^2(0) - 4b(0)}\right)/2, & a^2(0) - 4b(0) > 0, \\ a(0)/4, & a^2(0) - 4b(0) = 0, \\ a(0)/2, & a^2(0) - 4b(0) < 0. \end{cases} \tag{3.3.18}$$

证明　求解方程 (3.3.13)，可得其解为

$$
w_0(x) = \begin{cases}
\dfrac{A_1 m_2 + B_1}{m_2 - m_1}\mathrm{e}^{-m_1 x/\varepsilon} - \dfrac{A_1 m_1 + B_1}{m_2 - m_1}\mathrm{e}^{-m_2 x/\varepsilon}, & a^2(0) - 4b(0) > 0, \\[3mm]
\left[(B_1 + a(0)A_1/2)\, x/\varepsilon + A_1\right]\mathrm{e}^{-a(0)x/(2\varepsilon)}, & a^2(0) = 4b(0), \\[3mm]
\mathrm{e}^{-a(0)x/(2\varepsilon)}\left[A_1 \cos\dfrac{\lambda x}{2\varepsilon} + \dfrac{2}{\lambda}\left(B_1 + \dfrac{a(0)A_1}{2}\right)\sin\dfrac{\lambda x}{2\varepsilon}\right], & a^2(0) - 4b(0) < 0,
\end{cases}
$$

其中

$$
m_1 = \left(a(0) - \sqrt{a^2(0) - 4b(0)}\right)/2,
$$
$$
m_2 = \left(a(0) + \sqrt{a^2(0) - 4b(0)}\right)/2,
$$
$$
\lambda = \sqrt{4b(0) - a^2(0)}.
$$

结合方程的准确解表达式 (3.3.18) 和不等式

$$
x^k \mathrm{e}^{-x} \leqslant C\mathrm{e}^{-x/2}, \quad x \geqslant 0, \quad k \in \mathbb{R}^+ \tag{3.3.19}
$$

可得

$$
\left|w_0^{(k)}(x)\right| \leqslant C\varepsilon^{-k}\mathrm{e}^{-mx/\varepsilon}, \quad x \in \bar{\Omega}, \quad k = 0, 1, \cdots, 5,
$$

据此证得引理结论成立.　　　　　　　　　　　　　　　　　　　　　　　　证毕.

利用如下 Sturm 变换

$$
w_1(x) = \bar{w}_1(x)\mathrm{e}^{-a(0)x/(2\varepsilon)}, \tag{3.3.20}
$$

可将方程 (3.3.14) 变换成如下形式：

$$
\begin{cases}
\bar{L}\bar{w}_1(x) \equiv \varepsilon^2 \bar{w}_1''(x) - \dfrac{1}{4}\left(a^2(0) - 4b(0)\right)\bar{w}_1(x) = \varphi_1(x)\mathrm{e}^{a(0)x/(2\varepsilon)}, & x \in \Omega, \\[2mm]
\bar{w}_1(0) = 0, \quad \bar{w}_1'(0) = 0.
\end{cases}
\tag{3.3.21}
$$

引理 3.3.4　方程 (3.3.14) 的解 $w_1(x)$ 及其导数满足如下估计：

$$
\left|w_1^{(k)}(x)\right| \leqslant C\varepsilon^{1-k}\mathrm{e}^{-mx/(2\varepsilon)}, \quad x \in \bar{\Omega}, \quad k = 0, 1, \cdots, 5. \tag{3.3.22}
$$

证明　结合式 (3.3.24) 中 $\varphi_1(x)$ 的表达式及引理 3.3.3，不等式 (3.3.19)，$|a(0) - a(x)| \leqslant C\,x$ 和 $|b(0) - b(x)| \leqslant C\,x$ 可得

$$
\left|\varphi_1^{(k)}(x)\right| \leqslant C\varepsilon^{1-k}\mathrm{e}^{-mx/(2\varepsilon)}, \quad x \in \bar{\Omega}, \quad k = 0, 1, 2, 3. \tag{3.3.23}
$$

下面分两种情况来估计 $w_1(x)$ 及其导数的界.

情形 I: $a^2(0) - 4b(0) < 0$.

对于情形 I, 容易证得微分算子 $\bar{L}$ 满足引理 3.3.1 中的相关条件, 因此对方程 (3.3.21) 应用引理 3.3.1 可得

$$\left|\bar{w}_1^{(k)}(x)\right| \leqslant C\varepsilon^{1-k}\mathrm{e}^{(a(0)-m)x/(2\varepsilon)}, \quad x \in \bar{\Omega}, \quad k = 0, 1, \cdots, 5, \tag{3.3.24}$$

其中上述估计需要用到估计式 (3.3.23). 结合估计式 (3.3.24) 和 (3.3.20) 可得

$$\left|w_1^{(k)}(x)\right| \leqslant C\varepsilon^{1-k}\mathrm{e}^{-mx/(2\varepsilon)}, \quad x \in \bar{\Omega}, \quad k = 0, 1, \cdots, 5,$$

由此可证得引理结论对于情形 I 成立.

情形 II: $a^2(0) - 4b(0) \geqslant 0$.

对于情形 II, 容易证得微分算子 $\bar{L}$ 满足条件引理 3.3.2 中的相关条件. 选取如下障碍函数:

$$S_1(x) = C\varepsilon\mathrm{e}^{(a(0)-m)x/(2\varepsilon)},$$

通过简单计算可知

$$\bar{L}\left(S_1(x) \pm \bar{w}_1(x)\right) \geqslant 0, \quad S_1(0) \pm \bar{w}_1(0) \geqslant 0, \quad S_1'(0) \pm \bar{w}_1'(0) \geqslant 0.$$

则应用比较原理 (引理 3.3.2) 可得

$$|\bar{w}_1(x)| \leqslant S_1(x) = C\varepsilon\mathrm{e}^{(a(0)-m)x/(2\varepsilon)}, \quad |\bar{w}_1'(x)| \leqslant S_1'(x) = C\mathrm{e}^{(a(0)-m)x/(2\varepsilon)}. \tag{3.3.25}$$

因此结合式 (3.3.25) 和 (3.3.20) 可得

$$|w_1(x)| \leqslant C\varepsilon\mathrm{e}^{-mx/(2\varepsilon)}, \quad |w_1'(x)| \leqslant C\mathrm{e}^{-mx/(2\varepsilon)}, \quad x \in \bar{\Omega}. \tag{3.3.26}$$

利用不等式 (3.3.23) 和 (3.3.26), 由方程 (3.3.14) 可得

$$|w_1''(x)| \leqslant C\varepsilon^{-1}\mathrm{e}^{-mx/(2\varepsilon)}, \quad x \in \bar{\Omega}. \tag{3.3.27}$$

分别对方程 (3.3.14) 微分一次、两次和三次可得

$$\left|w_1^{(k)}(x)\right| \leqslant C\varepsilon^{1-k}\mathrm{e}^{-mx/(2\varepsilon)}, \quad x \in \bar{\Omega}, \quad k = 3, 4, 5, \tag{3.3.28}$$

其中上式估计中需要用到式 (3.3.23), (3.3.26) 和 (3.3.27).

结合上述估计式 (3.3.26)—(3.3.28) 可知引理结论对于情形 II 也成立. 证毕.

利用如下 Sturm 变换

$$w_2(x) = \bar{w}_2(x)\mathrm{e}^{-a(0)x/(2\varepsilon)}, \tag{3.3.29}$$

可将方程 (3.3.15) 变换成如下形式:

$$
\begin{cases}
\bar{L}\bar{w}_2(x) \equiv \varepsilon^2 \bar{w}_2''(x) - \dfrac{1}{4}\left(a^2(0) - 4b(0)\right)\bar{w}_2(x) = \varphi_2(x)\mathrm{e}^{a(0)x/(2\varepsilon)}, \quad x \in \Omega, \\
\bar{w}_2(0) = 0, \quad \bar{w}_2'(0) = 0.
\end{cases}
$$
$$(3.3.30)$$

引理 3.3.5　方程 (3.3.15) 的解 $w_2(x)$ 及其导数满足如下估计:

$$
\left| w_2^{(k)}(x) \right| \leqslant C\varepsilon^{2-k}\mathrm{e}^{-mx/(2\varepsilon)}, \quad x \in \bar{\Omega}, \quad k = 0, 1, \cdots, 5. \tag{3.3.31}
$$

证明　结合式 (3.3.15) 中 $\varphi_2(x)$ 的表达式、引理 3.3.4、不等式 $|a(0) - a(x)| \leqslant Cx$ 和 $|b(0) - b(x)| \leqslant Cx$, 以及不等式 (3.3.19) 可得

$$
\begin{aligned}
\left| \varphi_2^{(k)}(x) \right| &\leqslant C\varepsilon^{2-k}\mathrm{e}^{-mx/(2\varepsilon)} + C\varepsilon^{1-k}x\mathrm{e}^{-mx/(2\varepsilon)} \\
&\leqslant C\varepsilon^{2-k}\mathrm{e}^{-mx/(2\varepsilon)}, \quad x \in \bar{\Omega}, \quad k = 0, 1, 2, 3,
\end{aligned} \tag{3.3.32}
$$

则应用证明引理 3.3.4 的方法同样可证得此引理结论成立.　　　　　　　　　证毕.

引理 3.3.6　方程 (3.3.16) 的解 $w_3(x)$ 及其导数满足如下估计:

$$
\left| w_3^{(k)}(x) \right| \leqslant C\varepsilon^{3-k}, \quad x \in \bar{\Omega}, \quad k = 0, 1, \cdots, 5. \tag{3.3.33}
$$

证明　结合式 (3.3.16) 中 $\varphi_3(x)$ 的表达式、引理 3.3.5 和不等式 (3.3.19) 可得

$$
\begin{aligned}
\left| \varphi_3^{(k)}(x) \right| &\leqslant C\varepsilon^{3-k}\mathrm{e}^{-mx/(2\varepsilon)} + C\varepsilon^{2-k}x\mathrm{e}^{-mx/(2\varepsilon)} \\
&\leqslant C\varepsilon^{3-k}\mathrm{e}^{-mx/(4\varepsilon)}, \quad x \in \bar{\Omega}, \quad k = 0, 1, 2, 3.
\end{aligned} \tag{3.3.34}
$$

因此, 对方程 (3.3.16) 应用引理 3.3.1 可得

$$
\left| w_3^{(k)}(x) \right| \leqslant C\varepsilon^{3-k}, \quad x \in \bar{\Omega}, \quad k = 0, 1, \cdots, 5, \tag{3.3.35}
$$

由此证得此引理结论成立.　　　　　　　　　　　　　　　　　　　　　　证毕.

结合引理 3.3.3—引理 3.3.6 可得如下定理.

定理 3.3.2　令函数 $a \in C^9(\bar{\Omega})$ 和 $b, f \in C^{11}(\bar{\Omega})$ 满足 $a(x) \geqslant 0, b(x) \geqslant \beta > 0$. 则准确解的奇异部分 $w(x)$ 及其导数满足如下估计:

$$
\left| w^{(k)}(x) \right| \leqslant C\left(\varepsilon^{3-k} + \varepsilon^{-k}\mathrm{e}^{-mx/\varepsilon} + \varepsilon^{1-k}\mathrm{e}^{-mx/(2\varepsilon)} \right), \quad x \in \bar{\Omega}, \quad 0 \leqslant k \leqslant 5.
$$
$$(3.3.36)$$

结合定理 3.3.1 和定理 3.3.2 可知, 准确解 $u(x)$ 及其导数的估计相比文献 [18] 中的结果得到了提高.

3.3.2 离散格式

为求解边界层问题 (3.3.1), 构建如下分片一致的 Shishkin 网格:

$$
x_i = \begin{cases}
\dfrac{2\sigma}{N}i, & 0 \leqslant i \leqslant \dfrac{N}{2}, \\[3mm]
\sigma + \dfrac{2(T-\sigma)}{N}\left(i - \dfrac{N}{2}\right), & \dfrac{N}{2} < i \leqslant N,
\end{cases} \tag{3.3.37}
$$

其中离散系数 N 是一个正偶数, 网格转折点 σ 为

$$
\sigma = \min\left\{\frac{T}{2}, \frac{4\varepsilon}{m}\ln N\right\}. \tag{3.3.38}
$$

本节假设 $\sigma = \dfrac{4\varepsilon}{m}\ln N$, 否则 N^{-1} 相对于 ε 是指数小的, 这导致离散策略收敛阶可以应用经典方法来分析. 因此, 网格步长 $h_i = x_i - x_{i-1}$ 满足

$$
h_i = \begin{cases}
h \equiv \dfrac{2\sigma}{N}, & 0 \leqslant i \leqslant \dfrac{N}{2}, \\[3mm]
H \equiv \dfrac{2(T-\sigma)}{N}, & \dfrac{N}{2} < i \leqslant N.
\end{cases} \tag{3.3.39}
$$

在 Shishkin 网格 (3.3.37) 上构建如下混合差分格式来求解奇异摄动方程 (3.3.1):

$$
\begin{cases}
L^N u_i^N = \tilde{f}_i, & 1 \leqslant i < N, \\
u_0^N = A, \\
L_0^N u_0^N = B/\varepsilon,
\end{cases} \tag{3.3.40}
$$

其中

$$
L^N u_i^N = \begin{cases}
\varepsilon^2 D^+ D^- u_i^N + \varepsilon a_i D u_i^N + b_i u_i^N, & 1 \leqslant i < N/2, \\[3mm]
\varepsilon^2 D^+ D^- u_i^N + \varepsilon a_{i+1/2} D^+ u_i^N + \dfrac{b_i u_i^N + b_{i+1} u_{i+1}^N}{2}, & N/2 \leqslant i < N,
\end{cases} \tag{3.3.41}
$$

$$
L_0^N u_0^N = \frac{-u_2^N + 4u_1^N - 3u_0^N}{2h}, \tag{3.3.42}
$$

$$
\tilde{f}_i = \begin{cases}
f_i, & 1 \leqslant i < N/2, \\[2mm]
\dfrac{f_i + f_{i+1}}{2}, & N/2 \leqslant i < N
\end{cases} \tag{3.3.43}
$$

和

$$
D^- u_i^N = \frac{u_i^N - u_{i-1}^N}{h_i}, \quad D^+ u_i^N = \frac{u_{i+1}^N - u_i^N}{h_{i+1}}, \quad D u_i^N = \frac{u_{i+1}^N - u_{i-1}^N}{h_i + h_{i+1}},
$$

$$
D^+ D^- u_i^N = \frac{2}{h_i + h_{i+1}}\left(\frac{u_{i+1}^N - u_i^N}{h_{i+1}} - \frac{u_i^N - u_{i-1}^N}{h_i}\right), \quad a_{i+1/2} = a((x_i + x_{i+1})/2).
$$

此混合差分策略是加密网格上的二阶差分格式和粗网格上的中点迎风差分格式的混合. 下面将证明此策略是几乎二阶收敛的.

3.3.3　误差估计

令 $e_i^N = u_i^N - u_i$, 其满足如下的离散问题:

$$\begin{cases} L^N e_i^N = R_i, & 1 \leqslant i < N, \\ e_0^N = 0, \\ L_0^N e_0^N = R_0/\varepsilon, \end{cases} \tag{3.3.44}$$

其中

$$R_i = \begin{cases} \varepsilon\left(u_0' - \dfrac{-u_2 + 4u_1 - 3u_0}{2h}\right), & i = 0, \\[2mm] \varepsilon^2(u_i'' - D^+D^-u_i) + \varepsilon a_i(u_i' - Du_i), & 1 \leqslant i < N/2, \\[2mm] \varepsilon^2\left(\dfrac{u_i'' + u_{i+1}''}{2} - D^+D^-u_i\right) & \\[2mm] \quad + \varepsilon\left(\dfrac{a_i u_i' + a_{i+1} u_{i+1}'}{2} - a_{i+1/2}D^+u_i\right), & N/2 \leqslant i < N. \end{cases} \tag{3.3.45}$$

引理 3.3.7　令离散系数 $N \geqslant 4$, 则差分策略 (3.3.40) 的截断误差满足

$$|R_i| \leqslant \begin{cases} C\varepsilon^{-2}h^2, & i = 0, \\[2mm] C\varepsilon h^2\left(1 + \varepsilon^{-3}\mathrm{e}^{-mx_{i-1}/\varepsilon} + \varepsilon^{-2}\mathrm{e}^{-mx_{i-1}/(2\varepsilon)}\right), & 1 \leqslant i < N/2, \\[2mm] C\varepsilon H\left(\varepsilon + H\right) + C\left(1 + \varepsilon H^{-1}\right)\left(\varepsilon^3 + \mathrm{e}^{-mx_{i-1}/\varepsilon}\right. & \\[2mm] \quad \left. + \varepsilon\mathrm{e}^{-mx_{i-1}/(2\varepsilon)}\right), & N/2 \leqslant i < N \end{cases} \tag{3.3.46}$$

和

$$\left|D^+R_i\right| \leqslant Ch^2\left(1 + \varepsilon^{-3}\mathrm{e}^{-mx_{i-1}/\varepsilon} + \varepsilon^{-2}\mathrm{e}^{-mx_{i-1}/(2\varepsilon)}\right), \quad 1 \leqslant i < N/2 - 1. \tag{3.3.47}$$

证明　对于 $i = 0$, 应用泰勒展开、定理 3.3.1 和定理 3.3.2, 容易证得式 (3.3.46) 中第一个不等式成立.

对于 $1 \leqslant i < \dfrac{N}{2}$, 应用泰勒展开、定理 3.3.1 和定理 3.3.2 可得

$$\begin{aligned} |R_i| &\leqslant Ch\int_{x_{i-1}}^{x_{i+1}}\left(\varepsilon^2\left|u^{(4)}(s)\right| + \varepsilon\left|u'''(s)\right|\right)\mathrm{d}s \\ &\leqslant C\varepsilon h^2\left(1 + \varepsilon^{-3}\mathrm{e}^{-mx_{i-1}/\varepsilon} + \varepsilon^{-2}\mathrm{e}^{-mx_{i-1}/(2\varepsilon)}\right), \end{aligned}$$

由此不等式也可证得式 (3.3.46) 中第二个不等式成立.

下面证明式 (3.3.46) 中第三个不等式也成立. 应用准确解 $u(x)$ 的分解式 (3.3.2), 对于 $\dfrac{N}{2} \leqslant i < N$, 由式 (3.3.45) 可得

$$
\begin{aligned}
R_i &= \varepsilon^2 \left(\frac{u_i'' + u_{i+1}''}{2} - D^+D^-u_i \right) + \varepsilon \left(\frac{a_i u_i' + a_{i+1} u_{i+1}'}{2} - a_{i+1/2} D^+ u_i \right) \\
&= \varepsilon^2 \left(\frac{v_i'' + v_{i+1}''}{2} - D^+D^-v_i \right) + \varepsilon \left(\frac{a_i v_i' + a_{i+1} v_{i+1}'}{2} - a_{i+1/2} D^+ v_i \right) \\
&\quad + \varepsilon^2 \left(\frac{w_i'' + w_{i+1}''}{2} - D^+D^-w_i \right) + \varepsilon \left(\frac{a_i w_i' + a_{i+1} w_{i+1}'}{2} - a_{i+1/2} D^+ w_i \right) \\
&= \left(\frac{Lv_i + Lv_{i+1}}{2} - L^N v_i \right) + \varepsilon^2 \frac{w_i'' + w_{i+1}''}{2} + \varepsilon \frac{a_i w_i' + a_{i+1} w_{i+1}'}{2} \\
&\quad - \varepsilon^2 D^+D^- w_i - \varepsilon a_{i+1/2} D^+ w_i.
\end{aligned}
\tag{3.3.48}
$$

在点 $x = x_{i+1/2}$ 处作泰勒展开, 应用定理 3.3.1 可得

$$
\left| \frac{Lv_i + Lv_{i+1}}{2} - L^N v_i \right| \leqslant C\varepsilon H (\varepsilon + H), \quad N/2 \leqslant i < N,
\tag{3.3.49}
$$

应用引理 3.3.2 可得

$$
\begin{aligned}
\varepsilon \left| \frac{w_{i+1} - w_i}{h_{i+1}} - \frac{w_i - w_{i-1}}{h_i} \right| &\leqslant \varepsilon |w'(\mu_i) - w'(\nu_i)| \\
&\leqslant C \left(\varepsilon^3 + \mathrm{e}^{-mx_{i-1}/\varepsilon} + \varepsilon \mathrm{e}^{-mx_{i-1}/(2\varepsilon)} \right),
\end{aligned}
\tag{3.3.50}
$$

其中 $\mu_i \in (x_i, x_{i+1})$, $\nu_i \in (x_{i-1}, x_i)$. 对于 $\dfrac{N}{2} \leqslant i < N$, 结合式 (3.3.48)—(3.3.50) 和定理 3.3.2 可得

$$
\begin{aligned}
|R_i| &\leqslant \left| \frac{Lv_i + Lv_{i+1}}{2} - L^N v_i \right| + \frac{2\varepsilon^2}{h_i + h_{i+1}} \left| \frac{w_{i+1} - w_i}{h_{i+1}} - \frac{w_i - w_{i-1}}{h_i} \right| \\
&\quad + \frac{\varepsilon a_{i+1/2}}{h_{i+1}} \left(|w_{i+1}| + |w_i| \right) + \varepsilon^2 \frac{|w_i''| + |w_{i+1}''|}{2} + \varepsilon \frac{a_i |w_i'| + a_{i+1} |w_{i+1}'|}{2} \\
&\leqslant C\varepsilon H (\varepsilon + H) + C \left(1 + \varepsilon H^{-1} \right) \left(\varepsilon^3 + \mathrm{e}^{-mx_{i-1}/\varepsilon} + \varepsilon \mathrm{e}^{-mx_{i-1}/(2\varepsilon)} \right)
\end{aligned}
\tag{3.3.51}
$$

对于 $N/2 \leqslant i < N$ 成立. 由此不等式也可证得式 (3.3.6) 中第三个不等式也成立. 对于 $1 \leqslant i < \dfrac{N}{2}$, 在点 $x = x_i$ 处作泰勒展开可得

$$
R_i = -\frac{\varepsilon^2}{24} \left(u^{(4)}(\xi_i) + u^{(4)}(\zeta_i) \right) h^2 - \frac{\varepsilon a_i}{12} (u'''(\eta_i) + u'''(\varsigma_i)) h^2,
$$

其中 $\xi_i, \zeta_i, \eta_i, \varsigma_i \in (x_{i-1}, x_{i+1})$. 因此, 对于 $1 \leqslant i < \dfrac{N}{2} - 1$, 应用定理 3.3.1 和定理 3.3.2 可得

$$
\begin{aligned}
\left| D^+ R_i \right| &= \left| \frac{R_{i+1} - R_i}{h_{i+1}} \right| \\
&\leqslant C\varepsilon^2 h \left| \left(u^{(4)}(\xi_{i+1}) - u^{(4)}(\xi_i) \right) + \left(u^{(4)}(\zeta_{i+1}) - u^{(4)}(\zeta_i) \right) \right| \\
&\quad + C\varepsilon h \left| (a_{i+1} u'''(\eta_{i+1}) - a_i u'''(\eta_i)) + (a_{i+1} u'''(\varsigma_{i+1}) - a_i u'''(\varsigma_i)) \right| \\
&\leqslant C\varepsilon^2 h^2 \left(\left| u^{(5)}(\bar{\xi}_i) \right| + \left| u^{(5)}(\bar{\zeta}_i) \right| \right) + C\varepsilon h^2 (|a'(\theta_i)|\, |u'''(\eta_{i+1})| + |a_i|\, |u^{(4)}(\overline{\eta_i})| \\
&\quad + |a'(\theta_i)|\, |u'''(\varsigma_{i+1})| + |a_i|\, |u^{(4)}(\bar{\varsigma}_i)|) \\
&\leqslant C h^2 \left(1 + \varepsilon^{-3} e^{-m x_{i-1}/\varepsilon} + \varepsilon^{-2} e^{-m x_{i-1}/(2\varepsilon)} \right),
\end{aligned}
$$

其中 $\bar{\xi}_i, \bar{\zeta}_i, \vartheta_i, \overline{\eta}_i, \bar{\varsigma}_i \in (x_{i-1}, x_{i+1})$. 至此完成引理 3.3.7 的证明.　　　　证毕.

下面给出两个关于误差估计的常用结果.

引理 3.3.8　令 e_i^N 是离散问题 (3.3.1) 的解, 则对于 $0 \leqslant i < \dfrac{N}{2}$ 和充分大的 N, 存在一个常数 C 使得

$$
\varepsilon \left| D^+ e_i^N \right| + \left| e_i^N + e_{i+1}^N \right| \leqslant C \left(\varepsilon \left| D^+ e_0^N \right| + \max_{1 \leqslant i \leqslant N/2} |R_i| + h \sum_{k=1}^{N/2-2} \left| D^+ R_k \right| \right)
\tag{3.3.52}
$$

成立.

证明　应用文献 [18] 中的引理 3.1 的方法可证得此引理结论成立.　　　　证毕.

引理 3.3.9　令 e_i^N 是离散问题 (3.3.1) 的解, 则对于 $\dfrac{N}{2} + 1 \leqslant i < N$ 和充分大的 N, 存在一个常数 C 使得

$$
\varepsilon \left| D^+ e_i^N \right| + \left| e_{i+1}^N \right| \leqslant C \left(\varepsilon \left| D^- e_{N/2+1}^N \right| + \left| e_{N/2+1}^N \right| + \sum_{k=N/2}^i |R_k| \right)
\tag{3.3.53}
$$

成立.

证明　容易验证等式

$$
\varepsilon^2 D^+ D^- e_i^N \cdot D^+ e_i^N = \frac{\varepsilon^2}{H} \left(D^+ e_i^N \right)^2 - \frac{\varepsilon^2}{H} D^- e_i^N \cdot D^+ e_i^N,
$$

$$
\frac{b_i e_i^N + b_{i+1} e_{i+1}^N}{2} \cdot D^+ e_i^N = \frac{b_{i+1}}{2H} \left(e_{i+1}^N \right)^2 - \frac{b_i}{2H} \left(e_i^N \right)^2 - \frac{1}{2} e_i^N e_{i+1}^N D^+ b_i
$$

成立. 因此, 对于 $\dfrac{N}{2} + 1 \leqslant i < N$, 将 $D^+ e_i^N$ 乘以方程 (3.3.44) 两边可得

$$
\left(\frac{\varepsilon^2}{H} + \varepsilon a_{i+1/2} \right) \left(D^+ e_i^N \right)^2 + \frac{b_{i+1}}{2H} \left(e_{i+1}^N \right)^2
$$

$$= \frac{\varepsilon^2}{H} D^- e_i^N \cdot D^+ e_i^N + \frac{b_i}{2H} \left(e_i^N\right)^2 + \frac{1}{2} e_i^N e_{i+1}^N D^+ b_i + R_i D^+ e_i^N. \qquad (3.3.54)$$

由式 (3.3.54) 和不等式

$$D^- e_i^N \cdot D^+ e_i^N \leqslant \frac{1}{2}\left(D^- e_i^N\right)^2 + \frac{1}{2}\left(D^+ e_i^N\right)^2, \quad e_i^N e_{i+1}^N \leqslant \frac{1}{2}\left(e_i^N\right)^2 + \frac{1}{2}\left(e_{i+1}^N\right)^2$$

可得

$$\left(\frac{\varepsilon^2}{2H} + \varepsilon a_{i+1/2}\right)\left(D^+ e_i^N\right)^2 + \left(\frac{b_{i+1}}{2H} - \frac{1}{4}\left|D^+ b_i\right|\right)\left(e_{i+1}^N\right)^2$$

$$\leqslant \frac{\varepsilon^2}{2H}\left(D^- e_i^N\right)^2 + \left(\frac{b_i}{2H} + \frac{1}{4}\left|D^+ b_i\right|\right)\left(e_i^N\right)^2 + |R_i| \cdot \left|D^+ e_i^N\right|. \qquad (3.3.55)$$

将 $2H$ 乘以等式 (3.3.55) 两边, 并关于 i 求和 $\left(\text{自 } \dfrac{N}{2} + 1 \text{ 至 } j\right)$ 可得

$$\varepsilon^2 \left(D^+ e_j^N\right)^2 + 2H\varepsilon \sum_{i=N/2+1}^{j} a_{i+1/2}\left(D^+ e_i^N\right)^2 + \left(b_{j+1} - \frac{H}{2}\left|D^+ b_j\right|\right)\left(e_{j+1}^N\right)^2$$

$$\leqslant \varepsilon^2 \left(D^- e_{N/2+1}^N\right)^2 + \left(b_{N/2+1} - \frac{H}{2}\left|D^+ b_{N/2}\right|\right)\left(e_{N/2+1}^N\right)^2$$

$$+ \frac{H}{2} \sum_{i=N/2+1}^{j} \left(\left|D^+ b_{i-1}\right| + \left|D^+ b_i\right|\right)\left(e_i^N\right)^2 + 2 \sum_{i=N/2+1}^{j} |R_i|\left(\left|e_i^N\right| + \left|e_{i+1}^N\right|\right)$$

$$\leqslant \varepsilon^2 \left(D^- e_{N/2+1}^N\right)^2 + \left(b_{N/2+1} - \frac{H}{2}\left|D^+ b_{N/2}\right|\right)\left(e_{N/2+1}^N\right)^2 + 2|R_j| \cdot \left|e_{j+1}^N\right|$$

$$+ \frac{H}{2} \sum_{i=N/2+1}^{j} \left(\left|D^+ b_{i-1}\right| + \left|D^+ b_i\right|\right)\left(e_i^N\right)^2 + 2 \sum_{i=N/2+1}^{j} \left(|R_{i-1}| + |R_i|\right)\left|e_i^N\right|,$$

$$(3.3.56)$$

其中 $\dfrac{N}{2} + 1 \leqslant j < N$. 由于 $b(x) \geqslant \beta > 0$ 是区间 $\bar{\Omega}$ 上的光滑函数, 因此对于充分大的 N, 有如下估计

$$0 < C_1 \leqslant b_{j+1} - \frac{H}{2}\left|D^+ b_j\right| \leqslant C_2 \quad \text{和} \quad \left|D^+ b_{i-1}\right| + \left|D^+ b_i\right| \leqslant C_3$$

成立, 其中 $C_k(k = 1, 2, 3)$ 是正常数. 则由式 (3.3.56) 可得

$$\delta_{j+1} \leqslant \delta_{*,j+1} + H \sum_{i=N/2+1}^{j} d_i \delta_i, \quad N/2 + 1 \leqslant j < N, \qquad (3.3.57)$$

其中

$$\delta_i = \bar{\delta}_i + \frac{2}{H d_i} \left(|R_{i-1}| + |R_i| \right) \left| e_i^N \right|,$$

$$\bar{\delta}_i = \varepsilon^2 \left(D^+ e_{i-1}^N \right)^2 + \left(b_i - \frac{H}{2} \left| D^+ b_{i-1} \right| \right) \left(e_i^N \right)^2,$$

$$\delta_{*,i} = \varepsilon^2 \left(D^- e_{N/2+1}^N \right)^2 + \left(b_{N/2+1} - \frac{H}{2} \left| D^+ b_{N/2} \right| \right) \left(e_{N/2+1}^N \right)^2$$

$$+ 2 \left| R_{i-1} \right| \cdot \left| e_i^N \right| + \frac{2}{H d_i} \left(|R_{i-1}| + |R_i| \right) \left| e_i^N \right|,$$

$$0 < \frac{C_3}{2C_1} \leqslant d_i \leqslant C, \quad N/2 + 1 \leqslant i \leqslant j + 1.$$

应用离散形式的 Grönwall 不等式 (参见文献 [21] 中的定理 3) 可知

$$\delta_{j+1} \leqslant \delta_{*,j+1} + H \prod_{i=N/2+1}^{j} \left(1 + H d_i \right) \cdot \sum_{i=N/2+1}^{j} \left(d_i \delta_{*,i} \cdot \prod_{k=N/2+1}^{i} \left(1 + H d_k \right)^{-1} \right)$$

$$\leqslant \delta_{*,j+1} + H \exp \left(H \sum_{i=N/2+1}^{j} d_i \right) \sum_{i=N/2+1}^{j} d_i \delta_{*,i} \leqslant \delta_{*,j+1} + CH \sum_{i=N/2+1}^{j} d_i \delta_{*,i}.$$

由此不等式可得

$$\bar{\delta}_{j+1} = \varepsilon^2 \left(D^+ e_j^N \right)^2 + \left(b_{j+1} - \frac{H}{2} \left| D^+ b_j \right| \right) \left(e_{j+1}^N \right)^2$$

$$\leqslant C \left[\varepsilon^2 \left(D^- e_{N/2+1}^N \right)^2 + \left(b_{N/2+1} - \frac{H}{2} \left| D^+ b_{N/2} \right| \right) \left(e_{N/2+1}^N \right)^2 \right.$$

$$+ \left| R_j \right| \cdot \left| e_{j+1}^N \right| + \sum_{i=N/2+1}^{j} \left(|R_{i-1}| + |R_i| \right) \cdot \left| e_i^N \right| \right]$$

$$\leqslant C \left[\varepsilon^2 \left(D^- e_{N/2+1}^N \right)^2 + \left(b_{N/2+1} - \frac{H}{2} \left| D^+ b_{N/2} \right| \right) \left(e_{N/2+1}^N \right)^2 \right.$$

$$+ \max_{N/2+1 \leqslant i \leqslant j+1} \bar{\delta}_i^{1/2} \sum_{i=N/2}^{j} |R_i| \right]. \tag{3.3.58}$$

注意到不等式 (3.3.58) 中的常数是独立于 j 的, 所以不等式 (3.3.58) 的右边是单调递增的. 因此可得

$$\max_{N/2+1 \leqslant i \leqslant j+1} \bar{\delta}_i$$

$$\leqslant C \left[\varepsilon^2 \left(D^- e_{N/2+1}^N \right)^2 + \left(b_{N/2+1} - \frac{H}{2} \left| D^+ b_{N/2} \right| \right) \left(e_{N/2+1}^N \right)^2 \right.$$

$$\left. + \max_{N/2+1 \leqslant i \leqslant j+1} \bar{\delta}_i^{1/2} \sum_{i=N/2}^j |R_i| \right]$$

$$\leqslant C \left[\varepsilon^2 \left(D^- e_{N/2+1}^N \right)^2 + \left(b_{N/2+1} - \frac{H}{2} \left| D^+ b_{N/2} \right| \right) \left(e_{N/2+1}^N \right)^2 \right]$$

$$+ \frac{1}{2} \max_{N/2+1 \leqslant i \leqslant j+1} \bar{\delta}_i + \frac{C^2}{2} \left(\sum_{i=N/2}^j |R_i| \right)^2,$$

由此不等式可得

$$\bar{\delta}_{j+1} \leqslant \max_{N/2+1 \leqslant i \leqslant j+1} \bar{\delta}_i$$

$$\leqslant 2C \left[\varepsilon^2 \left(D^- e_{N/2+1}^N \right)^2 + \left(b_{N/2+1} - \frac{H}{2} \left| D^+ b_{N/2} \right| \right) \left(e_{N/2+1}^N \right)^2 \right]$$

$$+ C^2 \left(\sum_{i=N/2}^j |R_i| \right)^2,$$

由此可知引理结论成立.   证毕.

下面给出混合差分策略 (3.3.40) 的误差估计.

定理 3.3.3 令 $u(x)$ 是初值问题 (3.3.1) 的准确解, u^N 是混合差分格式 (3.3.40) 在 Shishkin 网格 (3.3.37) 上的数值解. 则对于充分大的 N, 在 $\varepsilon \leqslant CN^{-1}$ 假设下成立如下的误差估计:

$$\left| u(x_i) - u_i^N \right| \leqslant C N^{-2} \ln^2 N, \quad 0 \leqslant i \leqslant N.$$

证明 令 $y_i = D^+ e_i^N$, 则差分方程 (3.3.44) 可写成如下形式:

$$\begin{cases} \varepsilon \left(3y_0 - y_1 \right) = 2R_0, & \\ \varepsilon^2 \left(y_i - y_{i-1} \right) + \dfrac{\varepsilon a_i}{2} \left(h_{i+1} y_i + h_i y_{i-1} \right) = Q_i, & 1 \leqslant i < N/2, \\ \varepsilon^2 \left(y_i - y_{i-1} \right) + \dfrac{h_i + h_{i+1}}{2} \varepsilon a_{i+1/2} y_i = Q_i, & N/2 \leqslant i < N, \end{cases} \quad (3.3.59)$$

其中

$$Q_i = \begin{cases} \dfrac{h_i + h_{i+1}}{2} \left(R_i - b_i e_i^N \right), & 1 \leqslant i < N/2, \\ \dfrac{h_i + h_{i+1}}{2} \left(R_i - \dfrac{b_i e_i^N + b_{i+1} e_{i+1}^N}{2} \right), & N/2 \leqslant i < N. \end{cases} \quad (3.3.60)$$

求解一阶差分方程 (3.3.59) 可得

$$y_0 = \frac{Q_1 + 2R_0\left(\varepsilon + \frac{1}{2}a_1 h\right)}{2\varepsilon^2 + 2\varepsilon a_1 h}.$$

应用 $h_i = h\left(1 \leqslant i \leqslant \dfrac{N}{2}\right)$ 和 $e_0^N = 0$ 可得

$$e_1^N = \frac{h^2\left(R_1 - b_1 e_1^N\right) + 2hR_0\left(\varepsilon + \frac{1}{2}a_1 h\right)}{2\varepsilon^2 + 2\varepsilon a_1 h},$$

因此, 对于充分大的 N 有

$$|e_1^N| = \frac{\left|h^2 R_1 + 2hR_0\left(\varepsilon + \frac{1}{2}a_1 h\right)\right|}{2\varepsilon^2 + 2\varepsilon a_1 h + b_1 h^2} \leqslant CN^{-3}\ln^3 N \tag{3.3.61}$$

成立, 上述证明中用到了式 (3.3.46) 中的第一、第二个不等式和网格步长 (3.3.39). 同时, 还可以得到

$$|y_0| = |e_1^N|/h \leqslant C\varepsilon^{-1}N^{-2}\ln^2 N. \tag{3.3.62}$$

由于

$$e_{i+1}^N = \frac{e_i^N + e_{i+1}^N}{2} + \frac{h}{2}D^+ e_i^N, \quad 1 \leqslant i < N/2,$$

因此, 对于充分大的 N 有

$$|e_{i+1}^N| \leqslant \frac{|e_i^N + e_{i+1}^N|}{2} + \frac{h}{2}|D^+ e_i^N|$$

$$\leqslant C\left(\varepsilon|D^+ e_0^N| + \max_{1\leqslant i<N/2}|R_i| + h\sum_{k=1}^{N/2-2}|D^+ R_k|\right)$$

$$\leqslant CN^{-2}\ln^2 N + Ch^3\sum_{k=1}^{N/2-2}\left(1 + \varepsilon^{-3}e^{-mx_{k-1}/\varepsilon} + \varepsilon^{-2}e^{-mx_{k-1}/(2\varepsilon)}\right)$$

$$\leqslant CN^{-2}\ln^2 N + C\varepsilon^{-3}h^3\frac{1 - e^{-mx_{N/2-2}/\varepsilon}}{1 - e^{-mh/\varepsilon}} + C\varepsilon^{-2}h^3\frac{1 - e^{-mx_{N/2-2}/(2\varepsilon)}}{1 - e^{-mh/(2\varepsilon)}}$$

$$\leqslant CN^{-2}\ln^2 N, \quad 1 \leqslant i < N/2 \tag{3.3.63}$$

成立, 上述证明中用到了引理 3.3.7 和引理 3.3.8、不等式 (3.3.62)、不等式 $\dfrac{1}{1 - e^{-t}} \leqslant 1 + \dfrac{1}{t}(t > 0)$ 和网格步长 (3.3.39). 应用上述方法同样可得

$$|y_i| \leqslant C\varepsilon^{-1}\left(\varepsilon|D^+ e_0^N| + \max_{1\leqslant i<N/2}|R_i| + h\sum_{k=1}^{N/2-2}|D^+ R_k|\right)$$

$$\leqslant C\varepsilon^{-1}N^{-2}\ln^2 N, \quad 1\leqslant i < N/2. \tag{3.3.64}$$

对于 $i=\dfrac{N}{2}$, 由差分方程 (3.3.59) 可得

$$y_{N/2}=\left[\varepsilon^2+\frac{\varepsilon a_{N/2+1/2}}{2}\left(h_{N/2}+h_{N/2+1}\right)\right]^{-1}\left(\varepsilon^2 y_{N/2-1}+Q_{N/2}\right). \tag{3.3.65}$$

则由上式可得

$$e_{N/2+1}^N=e_{N/2}^N+h_{N/2+1}\left[\varepsilon^2+\frac{\varepsilon a_{N/2+1/2}}{2}\left(h_{N/2}+h_{N/2+1}\right)\right]^{-1}$$
$$\cdot\left[\varepsilon^2 y_{N/2-1}+\frac{h_{N/2}+h_{N/2+1}}{2}\left(R_{N/2}-\frac{b_{N/2}e_{N/2}^N+b_{N/2+1}e_{N/2+1}^N}{2}\right)\right],$$

即

$$e_{N/2+1}^N=\left[\frac{\varepsilon^2}{h_{N/2+1}}+\frac{\varepsilon a_{N/2+1/2}}{2h_{N/2+1}}\left(h_{N/2}+h_{N/2+1}\right)+\frac{h_{N/2}+h_{N/2+1}}{4}b_{N/2+1}\right]^{-1}$$
$$\cdot\left\{\left[\frac{\varepsilon^2}{h_{N/2+1}}+\frac{\varepsilon a_{N/2+1/2}}{2h_{N/2+1}}\left(h_{N/2}+h_{N/2+1}\right)-\frac{h_{N/2}+h_{N/2+1}}{4}b_{N/2}\right]e_{N/2}^N\right.$$
$$\left.+\varepsilon^2 y_{N/2-1}+\frac{h_{N/2}+h_{N/2+1}}{2}R_{N/2}\right\}. \tag{3.3.66}$$

基于 $\varepsilon\leqslant CN^{-1}$ 假设条件, 对于充分大的 N, 应用式 (3.3.46) 中的第三个不等式可得

$$|R_{N/2}|\leqslant C\varepsilon H\left(\varepsilon+H\right)+C\left(1+\varepsilon H^{-1}\right)\left(\varepsilon^3+\mathrm{e}^{-mx_{N/2-1}/\varepsilon}+\varepsilon\mathrm{e}^{-mx_{N/2-1}/(2\varepsilon)}\right)$$
$$\leqslant C\left(N^{-3}+\mathrm{e}^{-mx_{N/2}/\varepsilon}\cdot\mathrm{e}^{mh/\varepsilon}+\varepsilon\mathrm{e}^{-mx_{N/2}/(2\varepsilon)}\cdot\mathrm{e}^{mh/(2\varepsilon)}\right)$$
$$\leqslant CN^{-3}. \tag{3.3.67}$$

上述不等式推导中应用了网格转折点 $x_{N/2}=\dfrac{4\varepsilon}{m}\ln N$ 和网格步长 (3.3.39). 因此, 对于充分大的 N, 结合不等式 (3.3.63), (3.3.64), (3.3.66), (3.3.67) 和网格步长 (3.3.39) 可得

$$\left|e_{N/2+1}^N\right|\leqslant C\left(\left|e_{N/2}^N\right|+\varepsilon\left|y_{N/2-1}\right|+\left|R_{N/2}\right|\right)\leqslant CN^{-2}\ln^2 N. \tag{3.3.68}$$

由不等式 (3.3.65) 可以推导得到

$$|y_{N/2}|\leqslant C\varepsilon^{-1}H^{-1}\left[\varepsilon^2\left|y_{N/2-1}\right|+H\left(\left|R_{N/2}\right|+\left|e_{N/2}^N\right|+\left|e_{N/2+1}^N\right|\right)\right]$$
$$\leqslant C\varepsilon^{-1}N^{-2}\ln^2 N, \tag{3.3.69}$$

上述不等式推导中应用了不等式 (3.3.63), (3.3.64), (3.3.68), (3.3.69) 和假设条件 $\varepsilon \leqslant CN^{-1}$.

最后, 对于 $\dfrac{N}{2} < i < N$, 应用式 (3.3.46) 中的第三个不等式可得

$$|R_i| \leqslant C\varepsilon H \left(\varepsilon + H\right) + C \left(1 + \varepsilon H^{-1}\right) \left(\varepsilon^3 + \mathrm{e}^{-mx_{N/2}/\varepsilon} + \varepsilon \mathrm{e}^{-mx_{N/2}/(2\varepsilon)}\right) \leqslant CN^{-3}, \tag{3.3.70}$$

上式推导中也利用了网格转折点 $x_{N/2} = \dfrac{4\varepsilon}{m}\ln N$ 和假设条件 $\varepsilon \leqslant CN^{-1}$. 则对于 $\dfrac{N}{2} < i < N$, 由引理 3.3.9 可知

$$\begin{aligned}
\left|e_{i+1}^N\right| &\leqslant C\left(\varepsilon \left|D^- e_{N/2+1}^N\right| + \left|e_{N/2+1}^N\right| + \sum_{k=N/2}^{i} |R_k|\right) \\
&= C\left(\varepsilon \left|y_{N/2}\right| + \left|e_{N/2+1}^N\right| + \sum_{k=N/2}^{i} |R_k|\right) \\
&\leqslant CN^{-2}\ln^2 N
\end{aligned} \tag{3.3.71}$$

和

$$\begin{aligned}
|y_i| = \left|D^+ e_i^N\right| &\leqslant C\varepsilon^{-1}\left(\varepsilon \left|y_{N/2}\right| + \left|e_{N/2+1}^N\right| + \sum_{k=N/2}^{i} |R_k|\right) \\
&\leqslant C\varepsilon^{-1}N^{-2}\ln^2 N,
\end{aligned} \tag{3.3.72}$$

上述不等式推导中也利用了估计式 (3.3.69), (3.3.70).

结合不等式 (3.3.61), (3.3.63), (3.3.68) 和 (3.3.71) 可得定理结论成立. 证毕.

3.3.4　数值例子

下面考虑一个数值例子来验证理论结果的正确性:

$$\begin{cases} \varepsilon^2 u''(x) + \varepsilon \left(3 + x\sin x\right) u'(x) + \left(1 + \mathrm{e}^x\right) u(x) = f(x), & 0 < x \leqslant 1, \\ u(0) = 2, \quad \varepsilon u'(0) = \varepsilon - \dfrac{1}{2}, \end{cases}$$

这里函数 $f(x)$ 的选取使得准确解为

$$u(x) = 1 + x\left(1 - x\right) + \mathrm{e}^{-x/(2\varepsilon)}.$$

选取 $\varepsilon = 10^{-8}$, 分别计算问题的离散最大模误差

$$e^N = \max_{1 \leqslant i \leqslant N} \left|u_i^N - u_i\right|,$$

Shishkin 收敛速率

$$r_e^N = \frac{\ln e^N - \ln e^{2N}}{\ln\left(2\ln N / \ln(2N)\right)}$$

和误差常数

$$C_e^N = e^N / (N^{-2}\ln^2 N).$$

数值结果 (表 3.2) 验证了定理 3.3.3 的正确性.

表 3.2 混合差分格式 (3.3.40) 在 Shishkin 网格上的数值结果

N	误差	收敛速率	误差常数
32	8.0547e−3	2.108	0.6867
64	2.5865e−3	1.910	0.6125
128	8.8798e−4	1.936	0.6180
256	2.9144e−4	1.956	0.6212
512	9.2291e−5	1.968	0.6217
1024	2.8453e−5	1.975	0.6210
2048	8.5948e−6	1.979	0.6201
4096	2.5546e−6	—	0.6195

参 考 文 献

[1] Gartland E C, Jr. Graded-mesh difference schemes for singularly perturbed two-point boundary value problems. Math. Comp., 1988, 51(184): 631-657.

[2] Miller J J H. Boundary and interior layers: Computational and asymptotic methods. Proceedings of BAIL I Conference. Dublin: Boole Press, 1980.

[3] Shaidurov V V, Tobiska L. Special integration formulas for a convection-diffusion problem. EAST-WEST J. Num. Math., 1995, 3: 281-299.

[4] Bakhvalov N S. Towards optimization of methods for solving boundary value problems in the presence of boundary layers (Russian). Žh. Vyčisl. Mat i Mat. Fiz., 1969, 9: 841-869.

[5] Liseikin V D, Yanenko N N. On the numerical solution of equations with interior and exterior boundary layers on a nonuniform mesh. BALL III, Proc. 3rd Int. Conf. Boundary and interior layers, Dublin/Ireland, 1984: 68-80.

[6] Boglaev I P. Approximate solution of a nonlinear boundary value problem with a small parameter for the highest-order defferential. Comput. Math. Math. Phys., 1984, 24: 30-35.

[7] Miller J J H, O'Riordan E, Shishkin G I. Fitted Numerical Methods for Singular Perturbation Problems: Error Estimates in the Maximum Norm for Linear Problems in One and Two Dimensions. Singapore: World Scientific, 1996.

[8] Shishkin G I. Discrete approximation of singularly perturbed elliptic and parabolic equations (Russian). Second doctorial thesis, Keldysh Institute, Moscow, 1990.

[9]　Vulanović R. A priori meshes for singularly perturbed quasilinear two-point boundary value problems. IMA J. Numer. Anal., 2001, 21: 349-366.

[10]　Linß T. An upwind difference scheme on a novel Shishkin-type mesh for a linear convection-diffusion problem. J. Comput. Appl. Math., 1999, 110: 93-104.

[11]　Linß T. Analysis of a Galerkin finite element method on a Bakhvalov-Shishkin mesh for a linear convection-diffusion problem. IAM J. Numer. Anal., 2000, 20(4): 621-632.

[12]　Roos H G, Linß T. Sufficient conditions for uniform convergence on layer adapted grids. Computing, 1999, 63: 27-45.

[13]　Cen Z, Erdogan F, Xu A. An almost second order uniformly convergent scheme for a singularly perturbed initial value problem. Numer. Algor., 2014, 67(2): 457–476.

[14]　Lorenz J. Stability and monotonicity properties of stiff quasilinear boundary problems. Univ. u Novom Sadu Zb. Rad. Prirod. Mat. Fak. Ser. Mat., 1982, 12: 151-175.

[15]　Linß T. Uniform second-order pointwise convergence of a finite difference discretization for a quasilinear problem. Comput. Math. Math. Phys., 2001, 41(6): 898-909.

[16]　Gracia J L, O'Riordan E, Pickett M L. A parameter robust second order numerical method for a singularly perturbed two-parameter problem. Appl. Numer. Math., 2006, 56(7): 962-980.

[17]　Vulanović R. A higher-order scheme for quasilinear boundary value problems with two small parameters. Computing, 2001, 67(4): 287-303.

[18]　Amiraliyev G M, Duru H. A uniformly convergent finite difference method for a singularly perturbed initial value problem. Appl. Math. Mech., 1999, 20(4): 379-387.

[19]　Cen Z, Le A, Xu A. Parameter-uniform hybrid difference scheme for solutions and derivatives in singularly perturbed initial value problems. J. Comput. Appl. Math., 2017, 320: 176-192.

[20]　Smith D R. Singular-Perturbation Theory. Cambridge: Cambridge University Press, 1985.

[21]　Willett D, Wong J S W. On the discrete analogues of some generalizations of Grönwall's inequality. Monatsh. Math., 1965, 69(4): 362-367.

第 4 章　奇异摄动边值问题的混合差分格式

4.1　引　　言

由于奇异摄动问题含有边界层或内部层, 因此常规的数值方法不适合奇异摄动问题的计算. 人们对此提出了种种有效的计算方法, 每种计算方法都有其优势和弱势. 如何将这些方法有效地组合在一起, 根据不同情况给出差分格式相应的系数, 提高计算精度, 历来是计算方法中的挑战. 本章介绍求解边值问题的混合格式, 其主要内容如下.

4.1.1　奇异摄动反应扩散问题的混合计算方法

在 $\overline{\Omega} = [0,1]$ 区间内考虑奇异摄动反应扩散问题, 该问题在 $x = 0$ 和 $x = 1$ 出现边界层现象. 本节介绍一个高精度的混合方法, 其特点如下.

(1) Il'in 计算方法和 Shishkin 网格法是最常见的两种一致收敛计算方法. Il'in 计算方法是等步长方法, Shishkin 网格法是不等距网格法, 它采用一个过渡点将网格分为 "细网格" 和 "粗网格", 网格剖分实际上是两个不等距步长. 而这里我们采用的变步长, 其数量级是 $O(N)$, N 是网格剖分数目. 这样我们得到网格更精细的分割, 这个方法尚未见于其他书籍. 其剖分方法如下:

第一个步长取为 $h_1 = \dfrac{4\varepsilon \ln N}{bN}$, 第二个步长开始每次比前一个步长增加了 $\Delta = O\left(\dfrac{\varepsilon \ln N}{N^2}\right)$, 直至边界层过渡点, 然后采用等距大网格 $O\left(\dfrac{1}{N}\right)$, 这样有一半的网格步长是不同的. 可以算出在边界层内的所有步长仍为 $\Delta = O\left(\dfrac{\varepsilon \ln N}{N}\right)$. 这一方法新颖、独特, 可用于其他奇异摄动问题的计算.

(2) 根据不同情况给出差分格式相应的系数, 将多种计算方法有机地结合在一起, 本章有些想法类似于文献 [1].

(3) 巧妙地进行奇性分离, 非奇性部分在 4 阶导数时仍然是有界的. 其分离过程与第 2 章截然不同.

(4) 混合差分格式是不等步长的高精度计算方法, 一致收敛阶高达 $O(N^{-2}\varepsilon^2 + N^{-3}\ln^3 N)$.

(5) 在不等距网格点处对截断误差进行估计历来是一个很难处理的问题, 本节对差分格式的系数进行精确的估计, 从而得到截断误差的估计, 成功地解决这一难点.

(6) 本节的书写风格和证明过程未见于其他书籍.

4.1.2 内部层问题的混合差分格式

在 $\overline{\Omega} = [0, 1]$ 区间内考虑含有内部层的奇异摄动对流问题. 此问题在 $d \in$ $(0, 1)$ 处的函数是不连续的, 从而方程在 d 点产生剧烈振荡, 导致内部层现象. 本节在传统 Shishkin 网格上提出了一个混合差分格式, 然后证明所提方法在离散无穷模意义下几乎是二阶收敛的. 本节的主要内容有:

(1) 对准确解 $u(x)$ 进行相关的奇性分离.

(2) 在内部层附近加细网格剖分.

(3) 构造差分方程, 特别是内部层 $x = d$ 两边的差分格式, 作者结合多种方法以得到相关的系数.

(4) 证明所提方法是高精度.

(5) 给出相关的数值例子.

4.2 奇异摄动反应扩散问题的混合计算方法

在 $\overline{\Omega} = [0, 1]$ 区间内考虑奇异摄动反应扩散问题, 其退化方程不满足两个边界条件, 即奇异摄动问题在 $x = 0$ 和 $x = 1$ 失去边界条件, 在两端皆出现边界层现象. 关于这个问题, 人们已经进行了大量研究, 如文献 [2] 所提的 Shishkin 方法是最简单的不等距方法, 其一致收敛阶是一阶. 本节构造一个高精度的混合方法, 提高 Shishkin 方法的计算精度.

4.2.1 奇异摄动对流扩散问题的奇性分离

在 $\overline{\Omega} = [0, 1]$ 区间内考虑奇异摄动反应扩散问题 (P_ε):

$$Lu(x) = -\varepsilon^2 u''(x) + b(x)u(x) = f(x), \quad x \in \Omega, \tag{4.2.1}$$

$$B_0 u(x) = u(0) = u_0, \tag{4.2.2}$$

$$B_1 u(x) = u(1) = u_1, \tag{4.2.3}$$

其中 $\Omega = (0, 1)$, $\varepsilon > 0$ 为小参数, 函数 $b(x)$ 和 $f(x)$ 充分光滑, 且 $b(x)$ 满足

$$\overline{b} > b(x) > \beta^2, \quad \beta > 0. \tag{4.2.4}$$

当 $\varepsilon = 0$ 时, 方程 (4.2.1) 退化为

$$b(x)v_0(x) = f(x). \tag{4.2.5}$$

上述方程亦称为退化方程, 其退化解是 $v_0(x)$. $v_0(x)$ 不满足两个边界条件, 即奇异摄动问题 (P_ε) 在 $x = 0$ 和 $x = 1$ 失去边界条件, 故在 $x = 0$ 和 $x = 1$ 出现边界层现象.

为了证明计算方法的一致收敛性, 我们需要了解解析解 $u(x)$ 的一些相关性质, 特别是解析解奇性的分离.

引理 4.2.1 (极值原理) 设 $u(x)$ 是奇异摄动反应扩散问题 (P_ε) 的解, 若 $u(x)$ 在 $\overline{\Omega} = [0, 1]$ 区间内是非恒定常数的光滑函数且满足

$$Lu(x) \geqslant 0, \quad x \in \Omega, \tag{4.2.6}$$

$$B_0 u(x) \geqslant 0, \tag{4.2.7}$$

$$B_1 u(x) \geqslant 0, \tag{4.2.8}$$

则 $u(x) \geqslant 0$ 对任何 $x \in \overline{\Omega}$ 恒成立.

证明 设 $\bar{x}$ 满足

$$u(\bar{x}) = \min_{x \in \overline{\Omega}} u(x) \quad \text{和} \quad u(\bar{x}) < 0.$$

由条件 (4.2.7) 和 (4.2.8) 可知 $\bar{x}$ 不在两个端点上, 且

$$u'(\bar{x}) = 0, \quad u''(\bar{x}) \geqslant 0.$$

考虑到 (4.2.1) 可得

$$Lu(\bar{x}) = -\varepsilon^2 u''(\bar{x}) + b(\bar{x}) u(\bar{x}) < 0.$$

这与条件 (4.2.6) 矛盾. 因此 $u(\bar{x}) \geqslant 0$ 成立. 即 $u(x) \geqslant 0$ 对任何 $x \in \overline{\Omega}$ 恒成立.

证毕.

引理 4.2.2 设 $u(x)$ 是奇异摄动反应扩散问题 (P_ε) 的解, 则 $u(x)$ 满足

$$|u(x)| \leqslant \frac{1}{\beta} \|f\| + \max\{|u_0|, |u_1|\}, \quad x \in \overline{\Omega}. \tag{4.2.9}$$

证明 令闸函数

$$\Phi^{\pm}(x) = \frac{1}{\beta} \|f\| + \max\{|u_0|, |u_1|\} \pm u(x),$$

则

$$L\Phi^{\pm}(x) = \frac{b(x)}{\beta} \|f\| \pm Lu(x) \geqslant 0,$$

$$\Phi^{\pm}(0) \geqslant 0, \quad \Phi^{\pm}(1) \geqslant 1.$$

由引理 4.2.1 可得

$$|u(x)| \leqslant \frac{1}{\beta} \|f\| + \max\{|u_0|, |u_1|\}, \quad x \in \overline{\Omega}. \qquad \text{证毕.}$$

引理 4.2.3　设 $u(x)$ 是奇异摄动反应扩散问题 (P_ε) 的解, 则对任何 $x \in \overline{\Omega}$ 恒有

$$\left|u^{(k)}(x)\right| \leqslant C\left(1 + \varepsilon^{-k} e(x, \beta)\right), \quad k = 0, 1, 2, 3, 4,$$

其中

$$e(x, \beta) = \mathrm{e}^{-\frac{\beta x}{\varepsilon}} + \mathrm{e}^{-\frac{\beta(1-x)}{\varepsilon}}. \qquad (4.2.10)$$

证明　参考文献 [3]. 　　　　　　　　　　　　　　　　　　　　　　　　证毕.

注 4.2.1　上面引理只是一个粗糙的估计, 我们无法从此引理得到一致收敛性的证明. 像第 2 章一样, 我们需将奇异摄动问题 (P_ε) 的奇性分离出来. 其思路如下:

(1) 通过退化解 $v_0(x)$ 构造 $v_2(x)$, 然后由 $v_2(x)$ 构造 $v_4(x)$. 这三个函数的加权和

$$v_0(x) + \varepsilon^2 v_2(x) + \varepsilon^4 v_4(x)$$

就是光滑函数 $v(x)$.

(2) 通过光滑函数 $v(x)$ 构造奇性函数 $w(x)$.

(3) 证明 $v(x) + w(x)$ 就是问题 (P_ε) 的解 $u(x)$, 并对光滑函数 $v(x)$ 和奇性函数 $w(x)$ 进行估计.

我们先构造光滑函数 $v(x)$, 通过退化解 $v_0(x)$ 构造 $v_2(x)$,

$$b(x)v_2(x) = v_0''(x). \qquad (4.2.11)$$

通过解 $v_2(x)$ 构造 $v_4(x)$,

$$Lv_4(x) = -v_2''(x), \quad x \in \Omega, \qquad (4.2.12)$$

$$v_4(0) = 0, \qquad (4.2.13)$$

$$v_4(1) = 0. \qquad (4.2.14)$$

令光滑函数

$$v(x) = v_0(x) + \varepsilon^2 v_2(x) + \varepsilon^4 v_4(x), \qquad (4.2.15)$$

则

$$Lv(x) = \left(-\varepsilon^2 v_0''(x) + b(x)v_0(x)\right) + \varepsilon^2\left(-\varepsilon^2 v_2''(x) + b(x)v_2(x)\right) + \varepsilon^4 Lv_4(x)$$

$$= (-\varepsilon^2 v_0''(x) + f(x)) + \varepsilon^2(-\varepsilon^2 v_2''(x) + v_0''(x)) + \varepsilon^4 v_2''(x)$$

$$= f(x). \tag{4.2.16}$$

$$v(0) = v_0(0) + \varepsilon^2 v_2(0), \tag{4.2.17}$$

$$v(1) = v_0(1) + \varepsilon^2 v_2(1). \tag{4.2.18}$$

然后构造奇性函数 $w(x)$.

(1) 通过光滑函数 $v(x)$ 构造奇性函数 $w(x)$ 如下：

$$Lw(x) = -\varepsilon^2 w''(x) + b(x)w(x) = 0, \quad x \in \Omega, \tag{4.2.19}$$

$$w(0) = u_0 - v(0), \tag{4.2.20}$$

$$w(1) = u_1 - v(1). \tag{4.2.21}$$

(2) 光滑函数 $v(x)$ 和奇性函数 $w(x)$ 的估计可归于下面引理.

引理 4.2.4 奇异摄动对流扩散问题 (P_ε) 可分离为

$$u(x) = v(x) + w(x), \tag{4.2.22}$$

其中, 光滑函数 $v(x)$ 满足

$$\left| v^{(k)}(x) \right| \leqslant C, \quad k = 0, 1, 2, 3, 4. \tag{4.2.23}$$

奇性函数 $w(x)$ 满足

$$\left| w^{(k)}(x) \right| \leqslant C\varepsilon^{-k} e(x, \beta), \quad k = 0, 1, 2, 3, 4. \tag{4.2.24}$$

证明 (1) 因为

$$L(v(x) + w(x)) = f(x) + 0 = f(x),$$

$$v(0) + w(0) = v(0) + (u_0 - v(0)) = u_0,$$

$$v(1) + w(1) = v(1) + (u_1 - v(1)) = u_1,$$

所以 $v(x) + w(x)$ 满足奇异摄动对流扩散问题 (P_ε) 的三个条件, 即

$$u(x) = v(x) + w(x).$$

(2) 考虑式 (4.2.5) 和 (4.2.11) 可知 $v_0(x)$ 和 $v_2(x)$ 皆为一般函数, 因此

$$\left| v_0^{(k)}(x) \right| \leqslant C, \quad \left| v_2^{(k)}(x) \right| \leqslant C, \quad k = 0, 1, 2, 3, 4.$$

将引理 4.2.3 应用到奇异摄动方程 (4.2.12)—(4.2.14) 可得

$$\left| v_4^{(k)}(x) \right| \leqslant C \left(1 + \varepsilon^{-k} e(x, \beta) \right) \leqslant C\varepsilon^{-k}, \quad k = 0, 1, 2, 3, 4.$$

直接对 (4.2.15) 求导, 并注意到 $v_4(x)$ 前的 ε^4, 可得

$$\left| v^{(k)}(x) \right| \leqslant C, \quad k = 0, 1, 2, 3, 4.$$

(3) 最后估计光滑函数.

(3a) 令闸函数

$$\Phi^{\pm}(x) = Ce(x, \beta) \pm w(x),$$

其中 $C \geqslant \max \{ |w(0)|, |w(1)| \}$. 则

$$L\Phi^{\pm}(x) = C \left(-\varepsilon^2 \frac{\beta^2}{\varepsilon^2} + b(x) \right) e(x, \beta) \pm 0 = C \left(-\beta^2 + b(x) \right) e(x, \beta) \geqslant 0,$$

$$\Phi^{\pm}(0) \geqslant 0, \quad \Phi^{\pm}(1) \geqslant 0.$$

由引理 4.2.1 可得

$$|w(x)| \leqslant Ce(x, \beta). \tag{4.2.25}$$

(3b) 对式 (4.2.19) 两边求导可得

$$-\varepsilon^2 w'''(x) + b(x)w'(x) = b'(x)w(x). \tag{4.2.26}$$

令 $w'(x) = w_1(x)$, 则上式可改写为

$$-\varepsilon^2 w_1''(x) + b(x)w_1(x) = b'(x)w(x). \tag{4.2.27}$$

由引理 4.2.3 可得

$$|w_1(0)| = |w'(0)| \leqslant k_1 \varepsilon, \quad |w_1(1)| = |w'(1)| \leqslant k_2 \varepsilon. \tag{4.2.28}$$

由式 (4.2.25) 可得

$$|b'(x)w(x)| \leqslant k_3 e(x, \beta). \tag{4.2.29}$$

令闸函数

$$\Phi^{\pm}(x) = C\varepsilon^{-1} e(x, \beta) \pm w_1(x),$$

其中 $C \geqslant \max \left\{ k_1, k_2, \dfrac{k_3}{b(x) - \beta^2} \right\}$. 则

$$L\Phi^{\pm}(x) = C\varepsilon^{-1} \left(-\beta^2 + b(x) \right) e(x, \beta) \mp b'(x)w(x) \geqslant 0,$$

$$\Phi^{\pm}(0) \geqslant C\varepsilon^{-1} \pm w(0) \geqslant 0, \quad \Phi^{\pm}(1) \geqslant C\varepsilon^{-1} \pm w(1) \geqslant 0.$$

由引理 4.2.1 可得

$$|w'(x)| \leqslant C\varepsilon^{-1}e(x,\beta). \tag{4.2.30}$$

(3c) 由式 (4.2.19) 和 (4.2.25) 直接可得

$$|w''(x)| \leqslant C\varepsilon^{-2}e(x,\beta). \tag{4.2.31}$$

(3d) 对式 (4.2.19) 两边求导可得

$$|w'''(x)| \leqslant C\varepsilon^{-3}e(x,\beta). \tag{4.2.32}$$

(3e) 对式 (4.2.19) 两边求导二次可得

$$\left|w^{(4)}(x)\right| \leqslant C\varepsilon^{-4}e(x,\beta). \tag{4.2.33}$$

综合上述结果, 可得

$$\left|w^{(k)}(x)\right| \leqslant C\varepsilon^{-k}e(x,\beta), \quad k = 0, 1, 2, 3, 4. \qquad \text{证毕.}$$

4.2.2 网格剖分新技巧

设网格剖分数目为 N, 不妨假设

$$\frac{3\varepsilon \ln N}{\beta} \leqslant \frac{1}{4}. \tag{4.2.34}$$

若上式不满足, 则有 $\dfrac{3\varepsilon \ln N}{\beta} > \dfrac{1}{4}$, 即 $\varepsilon^{-1} < C \ln N$. 此时, 由引理 4.2.3 可得

$$\left|u^{(k)}(x)\right| \leqslant C(1 + \ln^k N), \quad k = 0, 1, 2, 3, 4.$$

此时奇性变得相当 "弱", 采用一般的计算方法不难得到高阶方法. 考虑到实际计算时网格剖分数目 N 不可能很大, 许多学者 (如 [4]) 甚至采用更强的假设 $\varepsilon \leqslant N^{-1}$. 故式 (4.2.34) 的假设是合理的.

考虑不等距网格剖分 $0 = x_0 < x_1 < \cdots < x_N = 1$, 设网格空间为 $\overline{\Omega}^N = \{x_0, x_1, \cdots, x_N\}$, 内部点空间为 $\Omega^N = \{x_1, x_2, \cdots, x_{N-1}\}$. 令

$$h_i = x_i - x_{i-1}, \quad 1 \leqslant i \leqslant N; \quad \bar{h}_i = \frac{h_i + h_{i+1}}{2}, \quad 1 \leqslant i \leqslant N-1.$$

先考虑 $\left[0, \dfrac{1}{2}\right]$ 区间, 此时 $0 \leqslant i \leqslant \dfrac{N}{2}$. 设第一个步长 $h_1 = \bar{h} = \dfrac{4\varepsilon \ln N}{\beta N}$, 当

$1 \leqslant i \leqslant \dfrac{N}{4}$ 时, 设 $h_i = \overline{h} + (i-1)\Delta$, 则

$$x_i = x_{i-1} + h_i = i\overline{h} + \frac{(i-1)i}{2}\Delta. \qquad (4.2.35)$$

令 Shishkin 过渡点为 $\tau = \dfrac{3\varepsilon \ln N}{\beta}$, 且令 $\tau = x_{\frac{N}{4}}$. 根据上式可得

$$\Delta = \frac{64\varepsilon \ln N}{\beta N(N-4)} = O\left(\frac{\varepsilon \ln N}{N^2}\right). \qquad (4.2.36)$$

因为

$$h_{N/4} = \overline{h} + \left(\frac{N}{4} - 1\right)\Delta = \frac{20\varepsilon \ln N}{\beta N},$$

所以, 对于 $1 \leqslant i \leqslant \dfrac{N}{4}$, 有

$$h_i \leqslant C\frac{\varepsilon \ln N}{N}. \qquad (4.2.37)$$

在边界层外 $\left[\tau, \dfrac{1}{2}\right]$ 采用相同的步长

$$H = \frac{2(1 - 2\tau)}{N} = O\left(\frac{1}{N}\right). \qquad (4.2.38)$$

容易找到正整数 N_0, 使得当 $N > N_0$ 时, 对于 $1 \leqslant i \leqslant \dfrac{N}{4}$, 皆有

$$h_i \leqslant H. \qquad (4.2.39)$$

当 $\dfrac{N}{4} \leqslant i \leqslant \dfrac{N}{2} - 1$ 时, 网格剖分如下

$$x_{i+1} = x_i + H. \qquad (4.2.40)$$

对于区间 $\left[\dfrac{1}{2}, 1\right]$, 此时 $\dfrac{N}{2} \leqslant i \leqslant N$. 根据对称性, 可得相应的网格剖分点.

4.2.3　差分格式

对区间 $\overline{\Omega} = [0,1]$ 按 4.2.2 小节进行网格剖分, 在网格空间 $\overline{\Omega}^N$ 上构造拟合网格差分格式 (P_ε^N):

$$\begin{aligned}
L^N U(x_i) &= r_i^- U(x_{i-1}) + r_i^c U(x_i) + r_i^+ U(x_{i+1}) \\
&= q_i^- f(x_{i-1}) + q_i^c f(x_i) + q_i^+ f(x_{i+1})
\end{aligned}$$

$$= Q^N \left(f(x_i) \right), \quad x_i \in \Omega^N, \tag{4.2.41}$$

$$B_0^N U(0) = u_0, \tag{4.2.42}$$

$$B_1^N U(1) = u_1. \tag{4.2.43}$$

(1) 当 $1 \leqslant i \leqslant \dfrac{N}{4} - 1$ 时,

$$a_i = \frac{h_{i+1} - h_i}{4h_i}, \quad q_i^- = \frac{1}{12} - a_i, \quad q_i^c = \frac{5}{6} + a_i, \quad q_i^+ = \frac{1}{12},$$

$$r_i^- = -\frac{2\varepsilon^2}{h_i(h_{i+1} + h_i)} + q_i^- b_{i-1}, \quad r_i^+ = -\frac{2\varepsilon^2}{h_{i+1}(h_{i+1} + h_i)} + q_i^+ b_{i+1},$$

$$r_i^c = \frac{2\varepsilon^2}{h_i(h_{i+1} + h_i)} + \frac{2\varepsilon^2}{h_{i+1}(h_{i+1} + h_i)} + q_i^c b_i.$$

(2) 当 $\dfrac{N}{4} \leqslant i \leqslant \dfrac{N}{2}$ 且 $H \leqslant \sqrt{\dfrac{3}{2b}}\varepsilon$ 时,

$$q_i^- = q_i^c = q_i^+ = \frac{1}{3}, \quad r_i^- = -\frac{2\varepsilon^2}{h_i(h_{i+1} + h_i)} + \frac{1}{3}b_{i-1},$$

$$r_i^c = \frac{2\varepsilon^2}{h_i(h_{i+1} + h_i)} + \frac{2\varepsilon^2}{h_{i+1}(h_{i+1} + h_i)} + \frac{1}{3}b_i, \quad r_i^+ = -\frac{2\varepsilon^2}{h_{i+1}(h_{i+1} + h_i)} + \frac{1}{3}b_{i+1}.$$

(3) 当 $\dfrac{N}{4} \leqslant i \leqslant \dfrac{N}{2}$ 且 $H \geqslant \sqrt{\dfrac{3}{2b}}\varepsilon$ 时,

$$q_i^- = q_i^+ = 0, \quad q_i^c = 1, \quad r_i^- = -\frac{2\varepsilon^2}{h_i(h_{i+1} + h_i)},$$

$$r_i^c = \frac{2\varepsilon^2}{h_i(h_{i+1} + h_i)} + \frac{2\varepsilon^2}{h_{i+1}(h_{i+1} + h_i)} + b_i, \quad r_i^+ = -\frac{2\varepsilon^2}{h_{i+1}(h_{i+1} + h_i)}.$$

(4) 根据对称性, 当 $\dfrac{N}{2} \leqslant i \leqslant N$ 时, 可得差分格式 (P_ε^N) 相应的系数.

为了证明差分格式的稳定性, 我们做出如下假设:

(1) 因为 $\lim\limits_{N \to \infty} \dfrac{3N^2}{100 \ln^2 N} = \infty$, 故当 N 充分大时, $\dfrac{3N^2}{100 \ln^2 N}$ 是一个大数, 可以假设存在一个正整数 N_1, 当 $N > N_1$ 时, $\bar{b} \leqslant \dfrac{3N^2}{100 \ln^2 N}$ 成立.

(2) 考虑到 $a_i = \dfrac{h_{i+1} - h_i}{4h_i}$ 是一个小量, 可以假设存在一个正整数 N_2, 当 $N > N_2$ 时, $\dfrac{1}{12} - a_i > \dfrac{1}{15}$ 成立.

(3) 设正整数 $N_3 = \max\{16, N_0, N_1, N_2\}$.

引理 4.2.5　当 $N > N_3$ 时, 对于 $x_i \in \Omega^N$, 皆有

$$r_i^- < 0, \quad r_i^c > 0, \quad r_i^+ < 0, \quad r_i^- + r_i^c + r_i^+ > 0,$$

即差分格式具有稳定性.

证明　(1) 当 $1 \leqslant i \leqslant \dfrac{N}{4} - 1$ 时, 因为 $a_i \geqslant \dfrac{1}{15}$, $q_i^- \geqslant \dfrac{1}{60}$, 所以有

$$r_i^- < 0, \quad r_i^c > 0, \quad r_i^+ < 0, \quad r_i^- + r_i^c + r_i^+ > 0.$$

(2) 当 $\dfrac{N}{4} \leqslant i \leqslant \dfrac{N}{2}$ 且 $H \leqslant \sqrt{\dfrac{3}{2b}}\varepsilon$ 时, 直接计算可得

$$r_i^- < 0, \quad r_i^c > 0, \quad r_i^+ < 0, \quad r_i^- + r_i^c + r_i^+ > 0.$$

(3) 当 $\dfrac{N}{4} \leqslant i \leqslant \dfrac{N}{2}$ 且 $H \geqslant \sqrt{\dfrac{3}{2b}}\varepsilon$ 时, 直接计算可得

$$r_i^- < 0, \quad r_i^c > 0, \quad r_i^+ < 0, \quad r_i^- + r_i^c + r_i^+ > 0.$$

(4) 根据对称性, 当 $\dfrac{N}{2} \leqslant i \leqslant N - 1$ 时可得相同的结果.

因此差分格式的矩阵是对角占优、不可约 M 阵, 差分格式具有稳定性. 证毕.

引理 4.2.6 (离散极值原理)　若

$$L^N U(x_i) \geqslant 0, \quad x_i \in \Omega^N, \tag{4.2.44}$$

$$B_0^N U(0) \geqslant 0, \tag{4.2.45}$$

$$B_1^N U(1) \geqslant 0, \tag{4.2.46}$$

则对 $x_i \in \overline{\Omega}^N$, 恒有 $U(x_i) \geqslant 0$.

证明　设 $U(x_k) = \min\limits_{x_i \in \overline{\Omega}^N} U(x_i) < 0$, 由条件可知 $x_k \in \Omega^N$.

因为 $U(x_{k+1}) - U(x_k) \geqslant 0$, $U(x_k) - U(x_{k-1}) \leqslant 0$, 由上面引理可得

$$L^N U(x_k) < 0.$$

这与原假设矛盾, 因此对于 $x_i \in \overline{\Omega}^N$, 恒有 $U(x_i) \geqslant 0$.　　　　　证毕.

引理 4.2.7　拟合网格差分格式 (P_ε^N) 的解 $U(x_i)$ 对所有 $x_i \in \overline{\Omega}^N$ 均满足

$$|U(x_i)| \leqslant C\left(\max_{x_i \in \Omega^N} \left|L^N U(x_i)\right| + |U(x_0)| + |U(x_N)|\right).$$

证明 令闸函数

$$\Phi^{\pm}(x_i) = \max_{x_i \in \Omega^N} \left|L^N U(x_i)\right| \frac{1}{\beta^2} + |U(x_0)| + |U(x_N)| \pm U(x_i), \quad x_i \in \overline{\Omega}^N,$$

计算得

$$L^N \Phi^{\pm}(x_i) \geqslant 0, \quad x_i \in \overline{\Omega}^N,$$

$$\Phi^{\pm}(0) \geqslant 0, \quad \Phi^{\pm}(1) \geqslant 0.$$

由上述引理可得: 对所有 $x_i \in \overline{\Omega}^N$ 均有 $\Phi^{\pm}(x_i) \geqslant 0$, 即

$$|U(x_i)| \leqslant C \left(\max_{x_i \in \Omega^N} \left|L^N U(x_i)\right| + |U(x_0)| + |U(x_N)| \right),$$

对所有 $x_i \in \overline{\Omega}^N$ 皆成立. 证毕.

4.2.4 高精度一致收敛

根据引理 4.2.4, 奇异摄动对流扩散问题 (P_ε) 解可分离为 $u(x) = v(x) + w(x)$. 与第 2 章类似, 我们无法直接证明数值解 $U(x_i)$ 一致收敛于解析解 $u(x_i)$, 而是采用间接方法, 即

(1) 通过光滑函数 $v(x)$ 定义网格函数 $V(x_i)$,

$$L^N V(x_i) = Q^N(Lv(x_i)), \quad x_i \in \Omega^N, \tag{4.2.47}$$

$$V(x_0) = v(x_0), \tag{4.2.48}$$

$$V(x_N) = v(x_N). \tag{4.2.49}$$

(2) 通过奇性函数 $w(x)$ 定义网格函数 $W(x_i)$,

$$L^N W(x_i) = 0, \quad x_i \in \Omega^N, \tag{4.2.50}$$

$$W(x_0) = w(x_0), \tag{4.2.51}$$

$$W(x_N) = w(x_N). \tag{4.2.52}$$

网格函数 $V(x_i)$ 和 $W(x_i)$ 的和就是数值解 $U(x_i)$, 该结论可以表达为下列引理.

引理 4.2.8 拟合网格差分格式 (P_ε^N) 也有分解式

$$U(x_i) = V(x_i) + W(x_i), \quad x_i \in \overline{\Omega}^N. \tag{4.2.53}$$

证明 由式 (4.2.16), (4.2.47) 和 (4.2.50) 直接计算可得

$$L^N (V(x_i) + W(x_i)) = Q^N(Lv(x_i)) + 0 = Q^N(f(x_i)) = L^N U(x_i),$$

$$V(x_0) + W(x_0) = v(x_0) + w(x_0) = u(x_0),$$

$$V(x_N) + W(x_N) = v(x_N) + w(x_N) = u(x_N).$$

因此 $U(x_i) = V(x_i) + W(x_i)$ 成立. 证毕.

定理 4.2.1　设 $u(x_i)$ 是奇异摄动问题 (P_ε) 的解, $U(x_i)$ 是差分格式 (P_ε^N) 的解, 则对于 $x_i \in \overline{\Omega}^N$, 恒有

$$|U(x_i) - u(x_i)| \leqslant C\left(N^{-2}\varepsilon^2 + N^{-3}\ln^3 N\right). \tag{4.2.54}$$

证明　(1) 当 $1 \leqslant i \leqslant \dfrac{N}{4} - 1$ 时,

$$
\begin{aligned}
L^N\left[U(x_i) - u(x_i)\right] &= q_i^- f(x_{i-1}) + q_i^c f(x_i) + q_i^+ f(x_{i+1}) \\
&\quad - \left[r_i^- u(x_{i-1}) + r_i^c u(x_i) + r_i^+ u(x_{i+1})\right] \\
&= q_i^- f(x_{i-1})\left[-\varepsilon^2 u''(x_{i-1}) + b(x_{i-1})u(x_{i-1})\right] \\
&\quad + q_i^c\left[-\varepsilon^2 u''(x_i) + b(x_i)u(x_i)\right] \\
&\quad + q_i^+\left[-\varepsilon^2 u''(x_{i+1}) + b(x_{i+1})u(x_{i+1})\right] \\
&\quad - \left[-\frac{2\varepsilon^2}{h_i(h_{i+1} + h_i)} + q_i^- b_{i-1}\right]u(x_{i-1}) \\
&\quad - \left[-\frac{2\varepsilon^2}{h_{i+1}(h_{i+1} + h_i)} + q_i^+ b_{i+1}\right]u(x_{i+1}) \\
&\quad - \left[\frac{2\varepsilon^2}{h_i(h_{i+1} + h_i)} + \frac{2\varepsilon^2}{h_{i+1}(h_{i+1} + h_i)} + q_i^c b_i\right]u(x_i) \\
&= -\varepsilon^2\left[q_i^- u''(x_{i-1}) + q_i^c u''(x_i) + q_i^+ u''(x_{i+1})\right] \\
&\quad + 2\varepsilon^2\left[\frac{u(x_{i+1}) - u(x_i)}{h_{i+1}(h_{i+1} + h_i)} - \frac{u(x_i) - u(x_{i-1})}{h_i(h_{i+1} + h_i)}\right] \\
&= \varepsilon^2 u'''(x_i)T_3 + \frac{1}{2}\varepsilon^2 u^{(4)}(x_i)T_4 + \frac{1}{6}\varepsilon^2 T_5, \tag{4.2.55}
\end{aligned}
$$

其中

$$T_3 = -(h_{i+1}q_i^+ - h_i q_i^-) + \frac{h_{i+1} + h_i}{3} = 0, \tag{4.2.56}$$

$$T_4 = -(h_{i+1}^2 q_i^+ + h_i^2 q_i^-) + \frac{h_{i+1}^3 + h_i^3}{6(h_{i+1} + h_i)} = \frac{1}{4}h_i\Delta + \frac{1}{12}\Delta^2, \tag{4.2.57}$$

$$T_5 = q_i^- h_i^3 u^{(5)}(\xi_1) - q_i^+ h_{i+1}^3 u^{(5)}(\xi_2) + \frac{1}{10(h_{i+1} + h_i)}\left[h_i^4 u^{(5)}(\xi_3) - h_{i+1}^4 u^{(5)}(\xi_4)\right],$$

$$\xi_1, \xi_3 \in (x_{i-1}, x_i), \quad \xi_2, \xi_4 \in (x_i, x_{i+1}). \tag{4.2.58}$$

因为

$$\left|\frac{1}{2}\varepsilon^2 v^{(4)}(x_i)T_4\right| \leqslant CN^{-3}\ln^2 N,$$

$$\left|\frac{1}{2}\varepsilon^2 w^{(4)}(x_i)T_4\right| \leqslant CN^{-3}\ln^2 N,$$

所以

$$\left|\frac{1}{2}\varepsilon^2 u^{(4)}(x_i)T_4\right| \leqslant CN^{-3}\ln^2 N.$$

同样计算可得

$$\left|\frac{1}{6}\varepsilon^2 T_5\right| \leqslant CN^{-3}\ln^3 N.$$

由式 (4.2.9) 可得

$$\left|L^N\left[U(x_i)-u(x_i)\right]\right| \leqslant CN^{-3}\ln^3 N. \tag{4.2.59}$$

(2) 当 $\dfrac{N}{4} \leqslant i \leqslant \dfrac{N}{2}$ 且 $H \leqslant \sqrt{\dfrac{3}{2b}}\varepsilon$ 时, 计算可得

$$\begin{aligned}
L^N\left[U(x_i)-u(x_i)\right] &= -\frac{1}{3}\varepsilon^2\left[u''(x_{i-1})+u''(x_i)+u''(x_{i+1})\right]\\
&\quad + 2\varepsilon^2\left[\frac{u(x_{i+1})-u(x_i)}{h_{i+1}(h_{i+1}+h_i)} - \frac{u(x_i)-u(x_{i-1})}{h_i(h_{i+1}+h_i)}\right]\\
&= -\frac{1}{6}\varepsilon^2\left[h_i^2 u^{(4)}(\xi_1)+h_{i+1}^2 u^{(4)}(\xi_2)\right]\\
&\quad + \frac{1}{12(h_{i+1}+h_i)}\varepsilon^2\left[h_i^3 u^{(4)}(\xi_3)+h_{i+1}^3 u^{(4)}(\xi_4)\right],\\
&\quad \xi_1,\xi_3 \in (x_{i-1},x_i), \quad \xi_2,\xi_4 \in (x_i,x_{i+1}).
\end{aligned} \tag{4.2.60}$$

进一步计算可得

$$\left|L^N\left[V(x_i)-v(x_i)\right]\right| \leqslant CN^{-2}\varepsilon^2,$$

$$\left|L^N\left[W(x_i)-w(x_i)\right]\right| \leqslant CN^{-3}.$$

所以

$$\left|L^N\left[U(x_i)-u(x_i)\right]\right| \leqslant CN^{-2}\varepsilon^2 + CN^{-3}. \tag{4.2.61}$$

(3) 当 $\dfrac{N}{4} \leqslant i \leqslant \dfrac{N}{2}$ 且 $H \geqslant \sqrt{\dfrac{3}{2b}}\varepsilon$ 时,

$$\begin{aligned}
L^N\left[U(x_i)-u(x_i)\right] &= f(x_i)-L^N u(x_i)\\
&= -\varepsilon^2 u''(x_i)+2\varepsilon^2\left[\frac{u(x_{i+1})-u(x_i)}{h_{i+1}(h_{i+1}+h_i)} - \frac{u(x_i)-u(x_{i-1})}{h_i(h_{i+1}+h_i)}\right]
\end{aligned}$$

$$= \frac{h_{i+1} - h_i}{3} \varepsilon^2 u'''(x_i)$$

$$+ \frac{1}{h_{i+1} + h_i} \varepsilon^2 \left[h_i^3 u^{(4)}(\xi_1) + h_{i+1}^3 u^{(4)}(\xi_2) \right],$$

$$\xi_1 \in (x_{i-1}, x_i), \quad \xi_2 \in (x_i, x_{i+1}). \tag{4.2.62}$$

因此

$$\left| L^N \left[V(x_i) - v(x_i) \right] \right| \leqslant C N^{-3}. \tag{4.2.63}$$

又因为

$$L^N \left[U(x_i) - u(x_i) \right] = f(x_i) - L^N u(x_i)$$

$$= -\varepsilon^2 u''(x_i) + 2\varepsilon^2 \left[\frac{u(x_{i+1}) - u(x_i)}{h_{i+1}(h_{i+1} + h_i)} - \frac{u(x_i) - u(x_{i-1})}{h_i(h_{i+1} + h_i)} \right]$$

$$= -\varepsilon^2 u''(x_i) + \frac{1}{12(h_{i+1} + h_i)} \varepsilon^2 \left[h_i u''(\xi_1) + h_{i+1} u''(\xi_2) \right],$$

$$\xi_1 \in (x_{i-1}, x_i), \quad \xi_2 \in (x_i, x_{i+1}), \tag{4.2.64}$$

因此又有

$$\left| L^N \left[W(x_i) - w(x_i) \right] \right| \leqslant C N^{-3}. \tag{4.2.65}$$

根据式 (4.2.17) 和 (4.2.19), 可得

$$\left| L^N \left[U(x_i) - u(x_i) \right] \right| \leqslant C N^{-3}. \tag{4.2.66}$$

(4) 根据对称性, 当 $\frac{N}{2} \leqslant i \leqslant N$ 时, 我们也有类似的结果.

综合式 (4.2.13), (4.2.15) 和 (4.2.20), 可得

$$\left| L^N \left[U(x_i) - u(x_i) \right] \right| \leqslant C \left(N^{-2} \varepsilon^2 + N^{-3} \ln^3 N \right). \tag{4.2.67}$$

容易得到 $U(0) - u(0) = 0$, $U(1) - u(1) = 0$.

应用引理 4.4.4, 则对于 $x_i \in \overline{\Omega}^N$, 恒有

$$\left| U(x_i) - u(x_i) \right| \leqslant C \left(N^{-2} \varepsilon^2 + N^{-3} \ln^3 N \right). \tag{4.2.68}$$

证毕.

4.2.5　数值例子及分析

在区间 $\overline{\Omega} = [0, 1]$ 内考虑奇异摄动问题 (P_ε):

$$-\varepsilon^2 u''(x) + u(x) = -\cos^2(\pi x) - 2\varepsilon^2 \pi^2 \cos(2\pi x), \quad x \in \Omega,$$

$$u(0) = 0, \quad u(1) = 0.$$

解析解为

$$u(x) = \frac{\mathrm{e}^{-\frac{x}{\varepsilon}} + \mathrm{e}^{-\frac{1-x}{\varepsilon}}}{1 + \mathrm{e}^{-\frac{1}{\varepsilon}}} - \cos^2(\pi x).$$

最大逐点误差 (表 4.1)、总体最大逐点误差和收敛率 (表 4.2) 的定义如第 3 章.

表 4.1 差分格式的最大逐点误差

ε	网格剖分数目 N			
	16	32	64	128
2^{-5}	3.05672277e$-$2	5.11998135e$-$3	7.50165685e$-$4	1.15325754e$-$4
2^{-10}	3.06975516e$-$2	5.13251988e$-$3	7.52564157e$-$4	1.15657385e$-$4
2^{-15}	3.06974963e$-$2	5.13251958e$-$3	7.52564152e$-$4	1.15657385e$-$4
2^{-20}	3.06974945e$-$2	5.13251958e$-$3	7.52564160e$-$4	1.15657385e$-$4
2^{-25}	3.06974945e$-$2	5.13251971e$-$3	7.52564216e$-$4	1.15657583e$-$4
2^{-30}	3.06974951e$-$2	5.13251957e$-$3	7.52565085e$-$4	1.15659820e$-$4

表 4.2 差分格式的收敛率

ε	网格剖分数目 N			
	16	32	64	128
2^{-10}	2.58038448	2.76978073	2.70195720	2.72705505
2^{-20}	2.58038177	2.76978073	2.70195720	2.72705370
2^{-30}	2.58038177	2.76977894	2.70192859	2.72708546

表 4.1 列出最大逐点误差的计算结果, 随着 ε 的变小, 对于同样的网格剖分 N, 最大逐点误差趋于同一个数值, 说明所提方法是一致收敛的. 表 4.2 列出计算结果的收敛阶, 收敛阶都大于 2, 说明所提方法是高阶的. 另外, 随着 N 的增大, 收敛阶也增大, 这些结果与理论分析相一致.

4.3 内部层问题的混合差分格式

考虑含有内部层的奇异摄动对流问题. 具有不连续对流系数的奇异摄动问题为

$$\begin{aligned} &Lu \equiv \varepsilon u'' + a(x)u' = f(x), \quad x \in \Omega^- \cup \Omega^+, \\ &u(0) = u_0, \quad u(1) = u_1, \end{aligned} \tag{4.3.1}$$

其中 $\varepsilon > 0$ 为小参数, $\Omega = (0,1)$, $\overline{\Omega} = [0,1]$, $d \in \Omega$, $\Omega^- = (0,d)$, $\Omega^+ = (d,1)$. 假设函数 a 和 f 在区间 $\Omega^- \cup \Omega^+$ 上是充分光滑的, 且满足

$$\begin{aligned} &-\alpha_1^* < a(x) < -\alpha_1 < 0, \quad x < d, \quad \alpha_2^* > a(x) > \alpha_2 > 0, \quad x > d, \\ &|[a](d)| \leqslant C, \quad |[f](d)| \leqslant C, \end{aligned} \tag{4.3.2}$$

其中 $[w](d) = w(d+) - w(d-)$ 表示函数 w 在点 d 上的跃度. 假设条件 (4.3.2)
保证问题 (4.3.1) 存在唯一光滑解[5].

　　注意到函数 $a(x)$ 在点 d 处是不连续的, 在点 d 的左侧是负的, 而在右侧是正
的. 一般情况下, 奇异摄动问题的准确解在点 $x = d$ 附近存在一个内部层. 文献
[5] 分析了奇异摄动问题 (4.3.1), 得到了一个关于小参数一致收敛的差分策略, 其
收敛阶为 $O(N^{-1}\ln^2 N)$. 本节介绍文献 [4] 中的混合差分格式, 其在离散无穷模
意义下是几乎二阶收敛的.

4.3.1　解的基本性质

　　为正确地构造自适应网格, 需要知道准确解的有关性质. 对于系数充分光滑
的对流扩散问题, 其准确解的分解已经知道得比较清楚, 这些结果可以用来证明
下面的引理.

　　引理 4.3.1　问题 (4.3.1) 的准确解 $u(x)$ 能够表示成如下形式: 在区间 $[0, d]$
上可分解为 $u_1 = v_1 + w_1$, 在区间 $[d, 1]$ 上可分解为 $u_2 = v_2 + w_2$, 这里光滑部分
v_1 和 v_2 满足 $Lv_1(x) = f(x)$, $Lv_2(x) = f(x)$, 而且有

$$\left|v_1^{(k)}(x)\right| \leqslant C, \quad x \in \Omega^-, \quad k = 0, 1, 2, 3, \tag{4.3.3}$$

$$\left|v_2^{(k)}(x)\right| \leqslant C, \quad x \in \Omega^+, \quad k = 0, 1, 2, 3, \tag{4.3.4}$$

而内部层部分 w_1 和 w_2 满足 $Lw_1(x) = 0$, $Lw_2(x) = 0$, 而且有

$$\left|w_1^{(k)}(x)\right| \leqslant C\varepsilon^{-k} \exp\left(-(d-x)\alpha_1/\varepsilon\right), \quad x \in \Omega^-, \quad k = 0, 1, 2, 3, \tag{4.3.5}$$

$$\left|w_2^{(k)}(x)\right| \leqslant C\varepsilon^{-k} \exp\left(-(x-d)\alpha_2/\varepsilon\right), \quad x \in \Omega^+, \quad k = 0, 1, 2, 3, \tag{4.3.6}$$

　　证明　首先在区间 $[0, d]$ 上考虑问题

$$Lu(x) = f(x), \quad x \in \Omega^- = (0, d), \quad u(0) = u_0, \quad u(d) = \rho, \tag{4.3.7}$$

这里 ρ 是某个数. 问题 (4.3.7) 存在唯一解 u_1, 且可表示为 $u_1 = v_1 + w_1$, 这里函
数 v_1 和 w_1 满足 (4.3.3) 和 (4.3.5), 可参见文献 [6]. 函数 u_1 和关于问题 (4.3.7)
的格林函数都是关于小参数一致有界的, ρ 也具有同样的特性.

　　在区间 $[d, 1]$ 上解下面的问题

$$Lu(x) = f(x), \quad x \in \Omega^+ = (d, 1), \quad u(d) = \rho, \quad u(1) = 0. \tag{4.3.8}$$

问题 (4.3.8) 与问题 (4.3.7) 中的 ρ 是相同的, 这是由于准确解 $u \in C^1(\Omega) \cap$
$C^2(\Omega^- \cup \Omega^+)$ 是唯一的. 用类似上面的方法可得到区间 $[d, 1]$ 上的准确解的分解
$v_2 + w_2$, 且满足估计 (4.3.4) 和 (4.3.6).　　　　　　　　　　　　　　　　证毕.

4.3.2 差分格式

构造如下具有 N 个网格区间的分片一致网格: 把区域 Ω^- 分成四个小区间

$$[0, d-\sigma_1] \cup [d-\sigma_1, d] \cup [d, d+\sigma_1] \cup [d+\sigma_2, 1],$$

这里 σ_1, σ_2 满足 $0 < \sigma_1 \leqslant d/2$, $0 < \sigma_2 \leqslant (1-d)/2$. 再把每个小区间等分成 $N/4$ 个网格区间. 则内部网格点为

$$\Omega^N = \{x_i : 1 \leqslant i \leqslant N/2 - 1\} \cup \{x_i : N/2 + 1 \leqslant i \leqslant N - 1\}.$$

显然 $x_{N/2} = d$, $\overline{\Omega}^N = \{x_i\}_0^N$. 为了拟合奇异摄动问题 (4.3.1), σ_1 和 σ_2 选取如下:

$$\sigma_1 = \min\left\{\frac{d}{2}, \frac{2\varepsilon}{\alpha}\ln N\right\}, \quad \sigma_2 = \min\left\{\frac{1-d}{2}, \frac{2\varepsilon}{\alpha}\ln N\right\},$$

其中 $\alpha = \min\{\alpha_1, \alpha_2\}$, 为方便分析, 选取 σ_1 和 σ_2 是相同的, 且 $\sigma_1 = \sigma_2 = \frac{2\varepsilon}{\alpha}\ln N$, 否则 N^{-1} 相对于 ε 是指数小的, 此种情形利用经典差分格式即可求解. 则网格步长为

$$h_i = \begin{cases} H_1 = 4(d-\sigma)/N, & i = 1, \cdots, N/4, \\ h = 4\sigma/N, & i = N/4+1, \cdots, 3N/4, \\ H_2 = 4(1-d-\sigma)/N, & i = 3N/4+1, \cdots, N. \end{cases}$$

采用类似于文献 [7,8] 中的离散方法, 即在局部网格步长足够小以至于不会损失稳定性的地方利用中心差分格式

$$L_c^N U_i \equiv \frac{2\varepsilon}{h_i + h_{i+1}}\left(\frac{U_{i+1} - U_i}{h_{i+1}} - \frac{U_i - U_{i-1}}{h_i}\right) + a_i \frac{U_{i+1} - U_i}{h_i + h_{i+1}} = f_i. \quad (4.3.9)$$

否则采用中点迎风差分格式

$$L_c^N U_i \equiv \begin{cases} \frac{2\varepsilon}{h_i + h_{i+1}}\left(\frac{U_{i+1} - U_i}{h_{i+1}} - \frac{U_i - U_{i-1}}{h_i}\right) \\ \quad + a_{i-1/2}\frac{U_i - U_{i-1}}{h_i} = f_{i-1/2}, & a_i < 0, \\ \frac{2\varepsilon}{h_i + h_{i+1}}\left(\frac{U_{i+1} - U_i}{h_{i+1}} - \frac{U_i - U_{i-1}}{h_i}\right) \\ \quad + a_{i+1/2}\frac{U_{i+1} - U_i}{h_{i+1}} = f_{i+1/2}, & a_i > 0, \end{cases} \quad (4.3.10)$$

这里 $a_{i-1/2} \equiv a((x_{i-1} + x_i)/2)$, $a_{i+1/2} \equiv a((x_i + x_{i+1})/2)$; 同理可得 $f_{i-1/2}$, $f_{i+1/2}$ 的定义.

在点 $x_{N/2} = d$ 处采用下面的二阶差分算子 L_t^N：

$$L_t^N U_{N/2} \equiv \frac{-U_{N/2+2} + 4U_{N/2+1} - 3U_{N/2}}{2h} - \frac{U_{N/2-2} - 4U_{N/2-1} + 3U_{N/2}}{2h} = 0.$$

$$(4.3.11)$$

令

$$L^N U_i = \begin{cases} L_u^N U_i, & i = 1, \cdots, N/4, 3N/4, \cdots, N-1, \\ L_c^N U_i, & i = N/4+1, \cdots, N/2-1, N/2+1, \cdots, 3N/4-1, \\ L_t^N U_i, & i = N/2, \end{cases}$$

$$(4.3.12)$$

$$\tilde{f}_i = \begin{cases} f_{i-1/2}, & i = 1, \cdots, N/4, \\ f_{i+1/2}, & i = 3N/4, \cdots N-1, \\ f_i, & i = N/4+1, \cdots, N/2-1, N/2+1, \cdots, 3N/4-1, \\ 0, & i = N/2, \end{cases}$$

$$(4.3.13)$$

可得差分格式

$$L^N U_i = \tilde{f}_i, \quad i = 1, 2, \cdots, N-1, \quad U_0 = u(0), \quad U_N = u(1). \quad (4.3.14)$$

然而, 差分方程 (4.3.14) 的系数矩阵不是一个 M 阵, 需变换此方程组使其具有单调特性.

由方程 (4.3.9) 可得

$$U_{N/2-2} = \frac{2h}{2\varepsilon - ha_{N/2-1}} \left(f_{N/2-1}h + \frac{2\varepsilon}{h}U_{N/2-1} - \frac{2\varepsilon + ha_{N/2-1}}{2h}U_{N/2} \right),$$

$$U_{N/2+2} = \frac{2h}{2\varepsilon + ha_{N/2+1}} \left(f_{N/2+1}h + \frac{2\varepsilon}{h}U_{N/2+1} - \frac{2\varepsilon - ha_{N/2+1}}{2h}U_{N/2} \right).$$

把 $U_{N/2-2}$ 和 $U_{N/2+2}$ 的上述表示式代入式 (4.3.11) 可推得

$$\begin{aligned} L_T^N U_{N/2} &\equiv \frac{1}{2h} \left(4 - \frac{4\varepsilon}{2\varepsilon - ha_{N/2-1}} \right) U_{N/2-1} \\ &\quad - \frac{1}{2h} \left(6 - \frac{ha_{N/2-1} + 2\varepsilon}{2\varepsilon - ha_{N/2-1}} - \frac{2\varepsilon - ha_{N/2+1}}{2\varepsilon + ha_{N/2+1}} \right) U_{N/2} \\ &\quad + \frac{1}{2h} \left(4 - \frac{4\varepsilon}{2\varepsilon + ha_{N/2+1}} \right) U_{N/2+1} \\ &= \frac{hf_{N/2-1}}{2\varepsilon - ha_{N/2-1}} + \frac{hf_{N/2+1}}{2\varepsilon + ha_{N/2+1}}. \end{aligned} \quad (4.3.15)$$

定义新的离散线性算子

$$L_H^N U_i \equiv \begin{cases} L_u^N U_i, & i = 1, \cdots, N/4, 3N/4, \cdots, N-1, \\ L_c^N U_i, & i = N/4+1, \cdots, N/2-1, N/2+1, \cdots, 3N/4-1, \\ L_T^N U_i, & i = N/2 \end{cases}$$

和网格函数

$$
\widetilde{f}_{H,i} = \begin{cases}
f_{i-1/2}, & i = 1, \cdots, N/4, \\
f_{i+1/2}, & i = 3N/4, \cdots, N-1, \\
f_i, & i = N/4+1, \cdots, N/2-1, \cdots, 3N/4-1, \\
\dfrac{hf_{i-1}}{2\varepsilon - a_{i-1}h} + \dfrac{hf_{i+1}}{2\varepsilon + a_{i+1}h}, & i = N/2,
\end{cases}
$$

可得一个新的方程组

$$
L_H^N U_i = \widetilde{f}_{H,i}, \quad i = 1, \cdots, N-1, \quad U_0 = u(0), \quad U_N = u(1). \tag{4.3.16}
$$

则算子 L_H^N 满足下面的离散比较原理.

引理 4.3.2 假设如下条件成立

$$
\frac{N}{\ln N} \geqslant 2\frac{\alpha^*}{\alpha}, \tag{4.3.17}
$$

这里 $\alpha^* = \max\{\alpha_1^*, \alpha_2^*\}$. 则式 (4.3.16) 中的离散算子 L_H^N 满足离散比较原理. 即如果网格函数 $\{v_i\}$ 和 $\{w_i\}$ 满足 $v_0 \leqslant w_0$, $v_N \leqslant w_N$ 和 $L_H^N v_i \geqslant L_H^N w_i$, $i = 1, \cdots, N-1$, 那么对所有的 i 都有 $v_i \leqslant w_i$ 成立.

离散比较原理的一个直接的推论就是下面的稳定性结果, 其表明差分方程组有唯一解.

引理 4.3.3 设 U 是差分方程组 (4.3.16) 的解, 则有

$$
\|U\|_\infty \leqslant \max\{|u_0|, |u_1|\} + \frac{1}{\gamma}\left\|\tilde{f}\right\|_\infty,
$$

这里 $\gamma = \min\left\{\dfrac{\alpha_1}{d}, \dfrac{\alpha_2}{1-d}\right\}$.

证明 令

$$
G_i^\pm = \begin{cases}
-M - \dfrac{x_i \left\|\tilde{f}_H\right\|_\infty}{\gamma d} \pm u_i^N, & 0 \leqslant i \leqslant N/2, \\
-M - \dfrac{(1-x_i)\left\|\tilde{f}_H\right\|_\infty}{\gamma(1-d)} \pm u_i^N, & N/2 < i \leqslant N,
\end{cases}
$$

这里 $M = \max\{|u_0|, |u_1|\}$. 则我们有

$$
G_0^\pm \leqslant 0, \quad G_N^\pm \leqslant 0, \quad L_M^N G_i^\pm \geqslant 0.
$$

由引理 4.3.2 可得结论成立. 证毕.

4.3.3　误差估计

为估计节点 $x = d$ 处的误差 $|U_i - u_i|$, 利用类似文献 [5] 中的方法. 定义网格函数 V_L 和 V_R 来分别估计函数 v 在点 $x = d$ 左边和右边的值. 构造网格函数 W_L 和 W_R(分别估计 w 在点 $x = d$ 左右两边的值), 使得网格函数 w 在点 $x = d$ 处的跃度 $W_R(d) - W_L(d)$ 可由跃度 $|[V](d)|$ 来决定. 另外, W_L 和 W_R 在远离内部层区域的地方是充分小的. 利用这些网格函数, 节点误差 $|U_i - u_i|$ 可通过估计光滑部分和内部层部分的误差来得到.

定义网格函数 V_L 和 V_R 分别是下面离散问题的解

$$L_H^N V_{L,i} = \widetilde{f}_{H,i}, \quad i = 1, \cdots, N/2 - 1, \quad V_{L,0} = v(0), \quad V_{L,N/2} = v(d^-)$$

和

$$L_H^N V_{R,i} = \widetilde{f}_{H,i}, \quad i = N/2 + 1, \cdots, N - 1, \quad V_{R,N} = v(1), \quad V_{R,N/2} = v(d^+).$$

在点 $x_{N/2} = d$ 两边分别利用障碍函数

$$-C\frac{x_i N^{-2}}{d}, \quad -C\frac{(1 - x_i) N^{-2}}{1 - d}$$

易推导出下面的误差界

$$|V_{L,i} - v(x_i)| \leqslant CN^{-2} x_i, \quad i = 1, \cdots, N/2 - 1, \tag{4.3.18}$$

$$|V_{R,i} - v(x_i)| \leqslant CN^{-2} (1 - x_i), \quad i = N/2 + 1, \cdots, N - 1. \tag{4.3.19}$$

定义网格函数 W_L 和 W_R 是下面差分方程组的解

$$L_H^N W_{L,i} = 0, \quad i = 1, \cdots, N/2 - 1,$$
$$L_H^N W_{R,i} = 0, \quad i = N/2 + 1, \cdots, N - 1,$$
$$W_{R,N/2} + V_{R,N/2} = W_{L,N/2} + V_{L,N/2},$$
$$L_T^N W_{R,N/2} + L_T^N V_{R,N/2} = L_T^N W_{L,N/2} L_T^N V_{L,N/2}.$$

由前面可知 U_i 可表示为

$$U_i^N = \begin{cases} V_{L,i} + W_{L,i}, & i = 1, \cdots, N/2 - 1, \\ V_{L,i} + W_{L,i} = V_{R,i} + W_{R,i}, & i = N/2, \\ W_{R,i} + V_{R,i}, & i = N/2 + 1, \cdots, N - 1. \end{cases}$$

由 $|U_{N/2}| \leqslant C$ 和式 (4.3.18),(4.3.19) 容易得

$$|W_{L,N/2}| \leqslant C, \quad |W_{R,N/2}| \leqslant C.$$

应用文献 [7,9] 中的方法, 对于 $i \leqslant N/4$ 和 $i \geqslant 3N/4$ 分别有下面的估计

$$|W_{L,i}| \leqslant CN^{-2}, \quad |W_{R,i}| \leqslant CN^{-2}.$$

当 $i \leqslant N/4$ 时有

$$|W_{L,i} - w(x_i)| \leqslant |W_{L,i}| + |w(x_i)| \leqslant CN^{-2} + C\exp\left(-\alpha\sigma/\varepsilon\right) \leqslant \tilde{C}N^{-2}. \quad (4.3.20)$$

同理可得

$$|W_{R,i} - w(x_i)| \leqslant CN^{-2}, \quad i \geqslant 3N/4. \quad (4.3.21)$$

基于上述估计, Cen[4] 得出了如下结果.

定理 4.3.1 假设条件 (4.3.17) 成立, 则方程 (4.3.1) 的解 u 和方程 (4.3.16) 的解 U 满足下面的误差估计

$$|U_i - u(x_i)| \leqslant CN^{-2}\ln^3 N, \quad i = 0, 1, \cdots, N. \quad (4.3.22)$$

证明 由式 (4.3.18)—(4.3.21) 可知

$$\left|U_{N/4} - u(x_{N/4})\right| \leqslant CN^{-2}, \quad \left|U_{3N/4} - u(x_{3N/4})\right| \leqslant CN^{-2}.$$

利用引理 4.2.1, 对于 $i = N/4 + 1, \cdots, N/2 - 1$, 有

$$
\begin{aligned}
\left|L_H^N u_i - Lu_i\right| &\leqslant Ch \int_{x_{i-1}}^{x_{i+1}} \left(\varepsilon\left|u^{(4)}(t)\right| + |u''(t)|\right) \mathrm{d}t \\
&\leqslant Ch\left[h + \varepsilon^{-2}\exp\left(-(d - x_{i+1})\alpha_1/\varepsilon\right) - \exp\left(-(d - x_{i-1})\alpha_1/\varepsilon\right)\right] \\
&\leqslant Ch\left[h + \varepsilon^{-2}\exp\left(-(d - x_i)\alpha_1/\varepsilon\right)\sinh(\alpha_1 h/\varepsilon)\right] \\
&\leqslant C\left(h^2 + \frac{h^2}{\varepsilon^3}\exp\left(-(d - x_i)\alpha_1/\varepsilon\right)\right).
\end{aligned}
$$

这里已经应用了 $\sinh t \leqslant Ct \, (0 \leqslant t \leqslant 1)$.

同理, 对于 $i = N/2 + 1, \cdots, 3N/4$ 有

$$\left|L_H^N u_i - Lu_i\right| \leqslant C\left(h^2 + \frac{h^2}{\varepsilon^2}\exp\left(-(x_i - d)\alpha_2/\varepsilon\right)\right).$$

在网格点 $x_{N/2} = d$ 处有

$$
\begin{aligned}
&\left|L_H^N u_{N/2} - \frac{hf_{N/2-1}}{2\varepsilon - ha_{N/2-1}} - \frac{hf_{N/2+1}}{2\varepsilon + ha_{N/2+1}}\right| \\
&= \left|L_T^N u_{N/2} - \frac{hf_{N/2-1}}{2\varepsilon - ha_{N/2-1}} - \frac{hf_{N/2+1}}{2\varepsilon + ha_{N/2+1}}\right| \\
&\leqslant \left|L_t^N u_{N/2}\right| + \frac{h}{2\varepsilon - ha_{N/2-1}}\left|L_c^N u_{N/2-1} - f_{N/2-1}\right|
\end{aligned}
$$

$$+ \frac{h}{2\varepsilon + ha_{N/2+1}} \left| L_c^N u_{N/2-1} - f_{N/2+1} \right|$$

$$= \left| L_t^N u_{N/2} + [u'](d) \right| + \frac{h}{2\varepsilon - ha_{N/2-1}} \left| L_c^N u_{N/2-1} - f_{N/2-1} \right|$$

$$+ \frac{h}{2\varepsilon + ha_{N/2+1}} \left| L_c^N u_{N/2-1} - f_{N/2+1} \right|$$

$$\leqslant \left| \frac{u_{N/2-2} - 4u_{N/2-1} + 3u_{N/2}}{2h} - u'_{N/2} \right| + \left| \frac{-u_{N/2+2} + 4u_{N/2+1} - 3u_{N/2}}{2h} - u'_{N/2} \right|$$

$$+ C \left| Lu_{N/2-1} - L_c^N u_{N/2-1}^N \right| + C \left| Lu_{N/2+1} - L_c^N u_{N/2+1}^N \right|$$

$$\leqslant Ch^2/\varepsilon^3 = C \frac{\sigma^2}{\varepsilon^3 N^2}.$$

考虑下面的离散障碍函数

$$\Psi_i = \begin{cases} -CN^{-2} - C \dfrac{\sigma^2}{\varepsilon^3 N^2} \left[x_i - (d - \sigma) \right], & x_i \in \Omega^N \cap (d - \sigma, d), \\[3mm] -CN^{-2} - C \dfrac{\sigma^2}{\varepsilon^3 N^2} \left[(d + \sigma) - x_i \right], & x_i \in \Omega^N \cap (d, d + \sigma). \end{cases}$$

又有

$$L_H^N \Psi_i = \begin{cases} -aC \dfrac{\sigma^2}{\varepsilon^3 N^2}, & x_i \in \Omega^N \cap (d - \sigma, d), \\[3mm] aC \dfrac{\sigma^2}{\varepsilon^3 N^2}, & x_i \in \Omega^N \cap (d, d + \sigma) \end{cases}$$

和

$$L_H^N \Psi_{N/2} \geqslant 2C \frac{\sigma^2}{\varepsilon^3 N^2},$$

对 $\Psi \pm (U - u)$ 在区间 $[d - \sigma, d + \sigma]$ 上应用离散比较原理可得

$$|U_i - u_i| \leqslant C \frac{\sigma^3}{\varepsilon^3 N^2} \leqslant CN^{-2} \ln^3 N, \quad i = N/4, \cdots, 3N/4. \tag{4.3.23}$$

结合式 (4.3.18)—(4.3.21) 和 (4.3.23) 可得定理成立.　　　　　　　　　　证毕.

4.3.4　数值例子

下面考虑一个数值例子来验证理论结果的正确性.

$$\varepsilon u'' + a(x)u' = f, \quad u(0) = 0, \quad u(1) = 1,$$

其中

$$a(x) = \begin{cases} -1, & 0 \leqslant x \leqslant 1/2, \\ 1, & 1/2 < x \leqslant 1, \end{cases} \qquad f(x) = \begin{cases} 0, & 0 \leqslant x \leqslant 1/2, \\ 1, & 1/2 < x \leqslant 1. \end{cases}$$

选取 $\varepsilon = 10^{-8}$, 使得问题能够体现奇异摄动的特性. 分别计算问题的离散最大模误差 $\|\cdot\|_\infty$、收敛速率 r^N 和收敛常数 C^N, 数值结果 (表 4.3) 验证了定理 4.2.1 的正确性.

表 4.3 混合差分格式 (4.3.14) 在 Shishkin 网格上的数值结果

N	误差	收敛速率	收敛常数
32	6.0183e−3	—	0.1480
64	2.0758e−3	1.536	0.1182
128	6.9756e−4	1.573	0.1001
256	2.2785e−4	1.614	0.0876
512	7.2225e−5	1.657	0.0780
1024	2.2327e−5	1.694	0.0703

4.4 反应扩散问题的高阶混合差分格式

本节考虑含有内部层的奇异摄动反应扩散问题. 具有不连续源项的奇异摄动反应扩散问题为

$$Lu \equiv -\varepsilon^2 u'' + b(x)u(x) = f(x), \quad x \in \Omega^- \cup \Omega^+,$$
$$u(0) = A, \quad u(1) = B, \tag{4.4.1}$$

其中 $\varepsilon > 0$ 为小参数, $\Omega = (0,1), \overline{\Omega} = [0,1], d \in \Omega, \Omega^- = (0,d), \Omega^+ = (d,1)$. 假设函数 $b(x) \geqslant \beta^2 > 0$ 是一个充分光滑函数, $f(x)$ 在区间 $\Omega^- \cup \Omega^+$ 上是充分光滑的, 且在点 d 处存在一个跳跃. 这些条件保证问题 (4.4.1) 存在唯一解 $u(x) \in C^1(\Omega) \cap C^2(\Omega^- \cup \Omega^+)$, 并且对于 $0 < \varepsilon \ll 1$, 准确解 $u(x)$ 存在边界层和内部层[10,11]. 本节介绍文献 [12] 中的混合差分格式, 其在离散无穷模意义下是几乎四阶收敛的.

4.4.1 解的基本性质

为正确地构造自适应网格, 需要知道准确解的有关性质.

引理 4.4.1 问题 (4.4.1) 的准确解 $u(x)$ 能够表示成如下形式:

$$u(x) = v(x) + w(x), \tag{4.4.2}$$

其中光滑部分 $v(x)$ 满足

$$\begin{cases} Lv(x) = f(x), & x \in \Omega^- \cup \Omega^+, \\ v(0) = f(0)/b(0), & v(d-) = f(d-)/b(d), \\ v(d+) = f(d+)/b(d), & v(1) = f(1)/b(1) \end{cases}$$

和

$$\left| v^{(k)}(x) \right| \leqslant C(1 + \varepsilon^{4-k}), \quad x \in \Omega^- \cup \Omega^+, \quad 0 \leqslant k \leqslant 6, \tag{4.4.3}$$

而奇异部分 $w(x)$ 满足

$$\begin{cases} Lw(x) = 0, & x \in \Omega^- \cup \Omega^+, \\ w(0) = u(0) - v(0), & w(1) = u(1) - v(1), \\ [w](d) = -[v](d), & [w'](d) = -[v'](d) \end{cases}$$

和

$$\left| w^{(k)}(x) \right| \leqslant \begin{cases} C\varepsilon^{-k} \left(\mathrm{e}^{-\beta x/\varepsilon} + \mathrm{e}^{-\beta(d-x)/\varepsilon} \right), & x \in \Omega^-, \\ C\varepsilon^{-k} \left(\mathrm{e}^{-\beta(d-x)/\varepsilon} + \mathrm{e}^{-\beta(1-x)/\varepsilon} \right), & x \in \Omega^+, \end{cases} \quad 0 \leqslant k \leqslant 6. \quad (4.4.4)$$

证明　文献 [11] 已经给出了 $0 \leqslant k \leqslant 4$ 情况下的引理结果, 应用同样方法也可以证得 $k = 5, 6$ 情况下引理结果是成立的.　　　　　　　　　　　　　　　证毕.

4.4.2　差分格式

令 N 是可以被 8 整除的正整数. 两个网格转折系数 σ_1 和 σ_2 选取如下:

$$\sigma_1 = \min\left\{ \frac{d}{2}, \frac{2\varepsilon}{\alpha} \ln N \right\}, \quad \sigma_2 = \min\left\{ \frac{1-d}{2}, \frac{2\varepsilon}{\alpha} \ln N \right\},$$

其中 $\alpha = \min\{\alpha_1, \alpha_2\}$, 为方便分析, 选取 σ_1 和 σ_2 是相同的, 且 $\sigma_1 = \sigma_2 = \dfrac{4\varepsilon}{\beta} \ln N$, 否则 N^{-1} 相对于 ε 是指数小的, 此种情形利用经典差分格式即可求解. 构造如下的 Shishkin 网格:

$$x_i = \begin{cases} \dfrac{8\sigma}{N} i, & 0 \leqslant i \leqslant \dfrac{N}{8}, \\[2mm] \sigma + \dfrac{4(d-2\sigma)}{N}\left(i - \dfrac{N}{8}\right), & \dfrac{N}{8} < i \leqslant \dfrac{3N}{8}, \\[2mm] d - \sigma + \dfrac{\sigma - \dfrac{2\sigma}{N^2}}{\dfrac{N}{8} - 2}\left(i - \dfrac{3N}{8}\right), & \dfrac{3N}{8} < i \leqslant \dfrac{N}{2} - 2, \\[2mm] d + \dfrac{\sigma}{N^2}\left(i - \dfrac{N}{2}\right), & \dfrac{N}{2} - 1 \leqslant i \leqslant \dfrac{N}{2} + 1, \\[2mm] d + \dfrac{2\sigma}{N^2} + \dfrac{\sigma - \dfrac{2\sigma}{N^2}}{\dfrac{N}{8} - 2}\left(i - \dfrac{N}{2} - 2\right), & \dfrac{N}{2} + 2 \leqslant i \leqslant \dfrac{5N}{8}, \\[2mm] d + \sigma + \dfrac{4(1-d-2\sigma)}{N}\left(i - \dfrac{5N}{8}\right), & \dfrac{5N}{8} < i \leqslant \dfrac{7N}{8}, \\[2mm] 1 - \sigma + \dfrac{8\sigma}{N}\left(i - \dfrac{7N}{8}\right), & \dfrac{7N}{8} < i \leqslant N. \end{cases} \quad (4.4.5)$$

则网格步长为

$$h_i = \begin{cases} h^{(1)} = \dfrac{8\sigma}{N}, & 0 < i \leqslant \dfrac{N}{8}, \ \dfrac{7N}{8} < i \leqslant N, \\[2mm] H^{(1)} = \dfrac{4\,(d - 2\sigma)}{N}, & \dfrac{N}{8} < i \leqslant \dfrac{3N}{8}, \\[2mm] h^{(2)} = \dfrac{\sigma - \dfrac{2\sigma}{N^2}}{\dfrac{N}{8} - 2}, & \dfrac{3N}{8} < i \leqslant \dfrac{N}{2} - 2, \ \dfrac{N}{2} + 2 < i \leqslant \dfrac{5N}{8}, \\[2mm] h^{(3)} = \dfrac{\sigma}{N^2}, & \dfrac{N}{2} - 1 \leqslant i \leqslant \dfrac{N}{2} + 2. \\[2mm] H^{(2)} = \dfrac{4\,(1 - d - 2\sigma)}{N}, & \dfrac{5N}{8} < i \leqslant \dfrac{7N}{8}. \end{cases} \quad (4.4.6)$$

为求解方程 (4.4.1), 在 Shishkin 网格 $\bar{\Omega}^N = \{x_i\}_0^N$ 上构造如下的混合差分策略:

$$\begin{cases} L_H^N U_i = f_{H,i}, \\ U_0 = A, \quad U_N = B, \end{cases} \quad (4.4.7)$$

其中

$$L_H^N U_i = \begin{cases} -\varepsilon^2 \delta^2 U_i + \Gamma(bU)_i, & 1 \leqslant i < N, i \neq \dfrac{N}{2}, \\[2mm] -\varepsilon^2 \delta^2 U_i + \dfrac{b_{i-1} U_{i-1} + b_{i+1} U_{i+1}}{2}, & i = \dfrac{N}{2}, \end{cases} \quad (4.4.8)$$

$$f_{H,i} = \begin{cases} \Gamma f_i, & 1 \leqslant i < N, i \neq \dfrac{N}{2}, \\[2mm] \dfrac{f_{i-1} + f_{i+1}}{2}, & i = \dfrac{N}{2} \end{cases} \quad (4.4.9)$$

和

$$\delta^2 U_i = \frac{1}{\hbar_i} \left(\frac{U_{i+1} - U_i}{h_{i+1}} - \frac{U_i - U_{i-1}}{h_i} \right),$$

$$\Gamma U_i = \frac{1 - \gamma_i^-}{6} U_{i-1} + \frac{4 + \gamma_i^- + \gamma_i^+}{6} U_i + \frac{1 - \gamma_i^+}{6} U_{i+1},$$

$$\gamma_i^- = \frac{h_{i+1}^2}{2 h_i \hbar_i}, \quad \gamma_i^+ = \frac{h_i^2}{2 h_{i+1} \hbar_i}, \quad \hbar_i = \frac{h_i + h_{i+1}}{2}.$$

这个策略是 Shishkin 网格上的 Numerov 格式和加密网格上的二阶差分格式的结合.

4.4.3　稳定性分析

差分方程 (4.4.7) 的系数矩阵不是一个 M 阵, 混合差分策略不满足极大模原理, 但是依然可以证得离散策略是天穷模稳定的.

定义如下差分算子:

$$\Lambda y_i = \begin{cases} -\varepsilon^2\delta^2 y_i - \dfrac{\gamma_i^-}{6}b_i y_{i-1} + \dfrac{4+\gamma_i^-+\gamma_i^+}{6}b_i y_i - \dfrac{\gamma_i^+}{6}b_i y_{i+1}, & 1\leqslant i<N, i\neq \dfrac{N}{2}, \\ -\varepsilon^2\delta^2 y_i + \dfrac{b_{i-1}y_{i-1}+b_{i+1}y_{i+1}}{2}, & i=\dfrac{N}{2}. \end{cases}$$

$$(4.4.10)$$

很容易证得与离散算子 Λ 相联系的系数矩阵是 M 阵, 因此可证得如下极大模原理成立.

引理 4.4.2　对于充分大的 N, 离散算子 Λ 满足离散极大模原理. 即如果网格函数 y 满足 $y_0 \geqslant 0$, $y_N \geqslant 0$ 和 $\Lambda y_i \geqslant 0$, $i=1,\cdots,N-1$, 那么对所有的 i 都有 $y_i \geqslant 0$ 成立.

对于 $y_0=y_N=0$ 的任意网格函数 y, 应用引理 4.4.2 可得

$$\|y\|_{\bar\Omega^N} \leqslant \frac{3}{2}\left\|\frac{\Lambda y}{b}\right\|_{\bar\Omega^N}.$$

$$(4.4.11)$$

这个结果将用于证明算子 L_H^N 的稳定性结果.

引理 4.4.3　对于 $y_0=y_N=0$ 的任意网格函数 y, 有如下估计:

$$\|y\|_{\bar\Omega^N} \leqslant \frac{3}{1-\kappa}\left\|\frac{L_H^N y}{b}\right\|_{\bar\Omega^N}$$

成立, 这里 $\kappa\in(0,1)$.

证明　结合式 (4.4.8) 和 (4.4.10) 可得

$$\Lambda y_i = L_H^N y_i - \frac{b_{i-1}}{6}y_{i-1} - \frac{b_{i+1}}{6}y_{i+1} + \frac{\gamma_i^-}{6}(b_{i-1}-b_i)y_{i-1} + \frac{\gamma_i^+}{6}(b_{i+1}-b_i)y_{i+1}$$

对于 $1\leqslant i<\dfrac{N}{2}$ 和 $\dfrac{N}{2}<i<N$ 成立, 因此有

$$|\Lambda y_i| \leqslant |L_H^N y_i| + \left(\frac{b_{i-1}+b_{i+1}}{6} + \frac{h_i+h_{i+1}}{6}\|b'\|_{\bar\Omega^N}\right)\|y\|_{\bar\Omega^N}$$

对于 $1\leqslant i<\dfrac{N}{2}$ 和 $\dfrac{N}{2}<i<N$ 成立. 由于 b 是光滑函数, 因此存在常数 $\kappa\in(0,1)$ 使得

$$\frac{b_{i-1}+b_{i+1}}{6} + \frac{h_i+h_{i+1}}{6}\|b'\|_{\bar\Omega^N} \leqslant \frac{1+\kappa}{3}b_i$$

对于充分大的 N 成立. 因此有

$$
|\Lambda y_i| \leqslant
\begin{cases}
\left|L_H^N y_i\right| + \dfrac{1+\kappa}{3} b_i \|y\|_{\bar{\Omega}^N}, & 1 \leqslant i < N, i \neq \dfrac{N}{2}, \\[3mm]
\left|L_H^N y_i\right|, & i = \dfrac{N}{2}.
\end{cases}
\tag{4.4.12}
$$

将式 (4.4.11) 代入 (4.4.12) 可得

$$
\|y\|_{\bar{\Omega}^N} \leqslant \frac{3}{2} \left\| \frac{L_H^N y}{b} \right\|_{\bar{\Omega}^N} + \frac{1+\kappa}{2} \|y\|_{\bar{\Omega}^N}.
$$

由此不等式可知引理结论成立. 证毕.

4.4.4 误差估计

令 $z_i = U_i - u_i$, 则误差函数 z 满足如下离散问题

$$
\begin{cases}
L_H^N z_i = R_i, & 1 \leqslant i < N, \\
z_0 = z_N = 0,
\end{cases}
\tag{4.4.13}
$$

其中

$$
R_i =
\begin{cases}
-\varepsilon^2 (\Gamma u_i'' - \delta^2 u_i), & 1 \leqslant i < N, i \neq \dfrac{N}{2}, \\[3mm]
-\varepsilon^2 \left[\dfrac{1}{2}(u_{i-1}'' + u_{i+1}'') - \delta^2 u_i\right], & i = N/2.
\end{cases}
\tag{4.4.14}
$$

误差函数 z 可以分解成如下形式

$$
z = \varphi + \psi,
\tag{4.4.15}
$$

其中 φ 是如下问题

$$
\Lambda \varphi_i = L_H^N z_i = R_i, \quad 1 \leqslant i < N
\tag{4.4.16}
$$

的解, ψ 是如下问题

$$
\Lambda \psi_i =
\begin{cases}
-\dfrac{b_{i-1}}{6} z_{i-1} + \dfrac{\gamma_i^-}{6}(b_{i-1} - b_i) z_{i-1} \\[3mm]
\quad -\dfrac{b_{i+1}}{6} z_{i+1} + \dfrac{\gamma_i^+}{6}(b_{i+1} - b_i) z_{i+1}, & 1 \leqslant i < N, i \neq \dfrac{N}{2}, \\[3mm]
0, & i = \dfrac{N}{2}
\end{cases}
\tag{4.4.17}
$$

的解.

应用稳定性分析中用到的方法, 可以得到

$$|\Lambda\psi_i| \leqslant \frac{1+\kappa}{3}b_i\,\|z\|_{\bar{\Omega}^N}\,, \quad 1 \leqslant i < N$$

对于充分大的 N 成立, 应用稳定性不等式 (4.4.11) 可知

$$\|\psi\|_{\bar{\Omega}^N} \leqslant \frac{1+\kappa}{2}\,\|z\|_{\bar{\Omega}^N}\,. \tag{4.4.18}$$

结合式 (4.4.15) 和 (4.4.18) 可得

$$\|z\|_{\bar{\Omega}^N} \leqslant \|\varphi\|_{\bar{\Omega}^N} + \|\psi\|_{\bar{\Omega}^N} \leqslant \|\varphi\|_{\bar{\Omega}^N} + \frac{1+\kappa}{2}\,\|z\|_{\bar{\Omega}^N}\,,$$

即

$$\|z\|_{\bar{\Omega}^N} \leqslant \frac{2}{1-\kappa}\,\|\varphi\|_{\bar{\Omega}^N}\,. \tag{4.4.19}$$

因此要估计 z 只要估计 φ 即可.

参考文献 [13] 中的方法, 应用泰勒展开式可得如下估计式:

$$|\Gamma g_i'' - \delta^2 g_i| \leqslant \begin{cases} C\,(h_i + h_{i+1})^3\,\|g^{(5)}\|_{[x_{i-1},x_{i+1}]}\,, & \\ C\,\|g''\|_{[x_{i-1},x_{i+1}]}\,, & h_i = h_{i+1}, \\ Ch_i^4\,\|g^{(6)}\|_{[x_{i-1},x_{i+1}]}\,, & h_i = h_{i+1}, \\ C\,\|g''\|_{[x_{i-1},x_{i+1}]} + C\gamma_i^-h_i\,\|g'''\|_{[x_{i-1},x_i]}\,, & h_i \leqslant h_{i+1}, \\ C\,\|g''\|_{[x_{i-1},x_{i+1}]} + C\gamma_i^+h_{i+1}\,\|g'''\|_{[x_i,x_{i+1}]}\,, & h_i \geqslant h_{i+1}. \end{cases} \tag{4.4.20}$$

应用上述引理可得如下截断误差估计.

引理 4.4.4　假设 $\sigma_1 = \sigma_2 = \dfrac{4\varepsilon}{\beta}\ln N$ 成立, 那么差分策略 (4.4.7) 的截断误差 (4.4.14) 满足如下估计:

$$|R_i| \leqslant \begin{cases} C\,(N^{-1}\ln N)^4, & i \in \Theta\backslash\theta, \\ C\,(N^{-1}\ln N)^3, & i \in \left\{\dfrac{N}{2}-2, \dfrac{N}{2}+2\right\}, \\ CN^{-2}\ln N, & i \in \left\{\dfrac{N}{2}\right\}, \\ CN^{-4} + C\varepsilon N^{-3} + C\gamma_i^-N^{-5}\ln N, & i \in \left\{\dfrac{N}{8}, \dfrac{5N}{8}\right\}, \\ CN^{-4} + C\varepsilon N^{-3} + C\gamma_i^+N^{-5}\ln N, & i \in \left\{\dfrac{3N}{8}, \dfrac{7N}{8}\right\}, \end{cases} \tag{4.4.21}$$

这里 $\Theta = \{i\,|\,1 \leqslant i < N\}, \theta = \left\{\dfrac{N}{8}, \dfrac{3N}{8}, \dfrac{N}{2}-2, \dfrac{N}{2}, \dfrac{N}{2}+2, \dfrac{5N}{8}, \dfrac{7N}{8}\right\}.$

证明 容易证得

$$h_i \leqslant \begin{cases} C\varepsilon N^{-1}\ln N, & 1 \leqslant i \leqslant \dfrac{N}{8}, \dfrac{3N}{8} < i \leqslant \dfrac{N}{2}-2, \\ & \dfrac{N}{2}+2 < i \leqslant \dfrac{5N}{8}, \dfrac{7N}{8} < i \leqslant N, \\ CN^{-1}, & \dfrac{N}{8} < i \leqslant \dfrac{3N}{8}, \dfrac{5N}{8} < i \leqslant \dfrac{7N}{8}, \\ C\varepsilon N^{-2}\ln N, & \dfrac{N}{2}-1 \leqslant i \leqslant \dfrac{N}{2}+2. \end{cases} \tag{4.4.22}$$

下面分区间证明引理结论.

(1) 对于 $x_i \in (0,\sigma) \cup (1-\sigma, 1)$, 利用截断误差估计式 (4.4.20) 中的第三个不等式、网格步长 (4.4.22) 和引理 4.4.1 可得

$$|R_i| = \varepsilon^2 \left|\Gamma u_i'' - \delta^2 u_i\right| \leqslant C\varepsilon^2 h_i^4 \left\|u^{(6)}\right\|_{[x_{i-1}, x_{i+1}]} \leqslant C\varepsilon^{-4}\left(h^{(1)}\right)^4$$
$$\leqslant C\left(N^{-1}\ln N\right)^4, \quad 1 \leqslant i < \frac{N}{8}, \quad \frac{7N}{8} < i < N. \tag{4.4.23}$$

(2) 对于 $x_i \in (\sigma, d-\sigma) \cup (d+\sigma, 1-\sigma)$, 利用准确解的分解式 (4.4.2) 可得

$$|R_i| = \varepsilon^2 \left|\Gamma u_i'' - \delta^2 u_i\right| \leqslant \varepsilon^2 \left|\Gamma v_i'' - \delta^2 v_i\right| + \varepsilon^2 \left|\Gamma w_i'' - \delta^2 w_i\right|. \tag{4.4.24}$$

对于式 (4.4.24) 右边第一项, 利用截断误差估计式 (4.4.20) 中的第三个不等式、网格步长 (4.4.22) 和引理 4.4.1 可得

$$\varepsilon^2 \left|\Gamma v_i'' - \delta^2 v_i\right| \leqslant CN^{-4}, \quad \frac{N}{8} < i < \frac{3N}{8}, \quad \frac{5N}{8} < i < \frac{7N}{8}. \tag{4.4.25}$$

对于式 (4.4.24) 右边第二项, 同样利用截断误差估计式 (4.4.20) 中的第二个不等式、网格步长 (4.4.22) 和引理 4.4.1 可得

$$\varepsilon^2 \left|\Gamma w_i'' - \delta^2 w_i\right| \leqslant CN^{-4}, \quad \frac{N}{8} < i < \frac{3N}{8}, \quad \frac{5N}{8} < i < \frac{7N}{8}. \tag{4.4.26}$$

因此, 将式 (4.4.25) 和 (4.4.26) 代入 (4.4.24), 可得

$$|R_i| \leqslant CN^{-4}, \quad \frac{N}{8} < i < \frac{3N}{8}, \quad \frac{5N}{8} < i < \frac{7N}{8}. \tag{4.4.27}$$

(3) 对于 $x_i \in \left(d-\sigma, d-\dfrac{2\sigma}{N^2}\right) \cup \left(d+\dfrac{2\sigma}{N^2}, d+\sigma\right) \cup \left\{d-\dfrac{\sigma}{N^2}, d+\dfrac{\sigma}{N^2}\right\}$, 利用截断误差估计式 (4.4.20) 中的第三个不等式、网格步长 (4.4.22) 和引理 4.4.1 可得

$$|R_i| = \varepsilon^2 \left|\Gamma u_i'' - \delta^2 u_i\right| \leqslant C\varepsilon^2 h_i^4 \left\|u^{(6)}\right\|_{[x_{i-1}, x_{i+1}]} \leqslant C\left(N^{-1}\ln N\right)^4 \qquad (4.4.28)$$

对于 $\dfrac{3N}{8} < i < \dfrac{N}{2} - 2$, $\dfrac{N}{2} + 2 < i < \dfrac{5N}{8}$ 和 $i = \dfrac{N}{2} - 1, \dfrac{N}{2} + 1$ 成立.

(4) 对于 $x_i \in \left\{d - \dfrac{2\sigma}{N^2}, d + \dfrac{2\sigma}{N^2}\right\}$, 利用截断误差估计式 (4.4.20) 中的第一个不等式、网格步长 (4.4.22) 和引理 4.4.1 可得

$$|R_i| = \varepsilon^2 \left|\Gamma u_i'' - \delta^2 u_i\right| \leqslant C\varepsilon^2 (h_i + h_{i+1})^3 \left\|u^{(5)}\right\|_{[x_{i-1}, x_{i+1}]} \leqslant C\left(N^{-1}\ln N\right)^3 \tag{4.4.29}$$

对于 $i = \dfrac{N}{2} - 2, \dfrac{N}{2} + 2$ 成立.

(5) 对于 $x_i \in \{d\}$, 利用点 $x = x_i$ 处的泰勒展开式、引理 4.4.1 和网格步长 (4.4.22) 可得

$$
\begin{aligned}
|R_i| &\leqslant \left|-\frac{1}{2}\varepsilon^2(u_{i-1}'' - \delta^2 u_{i-1}) - \frac{1}{2}\varepsilon^2(u_{i+1}'' - \delta^2 u_{i+1})\right| \\
&\quad + \left|\frac{\varepsilon^2}{h^{(3)}}\left(\frac{-u_{i-2} + 4u_{i-1} - 3u_i}{2h^{(3)}} - \frac{u_{i+2} - 4u_{i+1} + 3u_i}{2h^{(3)}}\right)\right| \\
&\leqslant \frac{1}{2}\varepsilon^2 \left|u_{i-1}'' - \delta^2 u_{i-1}\right| + \frac{1}{2}\varepsilon^2 \left|u_{i+1}'' - \delta^2 u_{i+1}\right| \\
&\quad + \frac{\varepsilon^2}{h^{(3)}}\left|\frac{-u_{i-2} + 4u_{i-1} - 3u_i}{2h^{(3)}} - u_i'\right| + \frac{\varepsilon^2}{h^{(3)}}\left|\frac{u_{i+2} - 4u_{i+1} + 3u_i}{2h^{(3)}} - u_i'\right| \\
&\leqslant C\varepsilon^{-2}\left(h^{(3)}\right)^2 + C\varepsilon^{-1} h^{(3)} \leqslant CN^{-2}\ln N, \quad i = \frac{N}{2}.
\end{aligned}
\tag{4.4.30}
$$

(6) 对于 $x_i \in \{\sigma, 1 - \sigma, d - \sigma, d + \sigma\}$, 利用准确解的分解式 (4.4.24) 同样可得 (4.4.24). 对于式 (4.4.24) 右边第一项, 利用截断误差估计式 (4.4.20) 中的第一个不等式, 网格步长 (4.4.22) 和引理 4.4.1 可得

$$\varepsilon^2 \left|\Gamma v_i'' - \delta^2 v_i\right| \leqslant CN^{-4}, \quad \frac{N}{8} < i < \frac{3N}{8}, \quad \frac{5N}{8} < i < \frac{7N}{8}. \tag{4.4.31}$$

对于式 (4.4.24) 右边第二项, 同样利用截断误差估计式 (4.4.20) 中的第四个不等式、网格步长 (4.4.22) 和引理 4.4.1 可得

$$
\begin{aligned}
\varepsilon^2 \left|\Gamma w_i'' - \delta^2 w_i\right| &\leqslant C\left(\mathrm{e}^{-\beta x_i/\varepsilon} + \mathrm{e}^{-\beta(1 - x_{N-i})/\varepsilon}\right) \\
&\quad + C\gamma_i^- N^{-1}\ln N \left(\mathrm{e}^{-\beta x_{i-1}/\varepsilon} + \mathrm{e}^{-\beta(1 - x_{N-i+1})/\varepsilon}\right) \\
&\leqslant CN^{-4} + C\gamma_i^- N^{-5}\ln N, \quad i = \frac{N}{8}, \frac{5N}{8}.
\end{aligned}
\tag{4.4.32}
$$

应用同样的方法可得

$$\varepsilon^2 \left| \Gamma w_i'' - \delta^2 w_i \right| \leqslant C N^{-4} + C \gamma_i^+ N^{-5} \ln N, \quad i = \frac{3N}{8}, \frac{7N}{8}, \tag{4.4.33}$$

上式估计中用到了截断误差估计式 (4.4.20) 中的第五个不等式. 因此, 将式 (4.4.31) 和 (4.4.33) 代入 (4.4.24), 可得

$$|R_i| \leqslant C N^{-4}, \quad \frac{N}{8} < i < \frac{3N}{8}, \quad \frac{5N}{8} < i < \frac{7N}{8}. \tag{4.4.34}$$

结合式 (4.4.23), (4.4.27)—(4.4.30) 和 (4.4.34) 可得引理结论成立. 　　证毕.

基于上述估计, Cen[12] 得出了如下结果.

定理 4.4.1 假设 $\sigma_1 = \sigma_2 = \dfrac{4\varepsilon}{\beta} \ln N$ 成立, 那么差分策略 (4.4.7) 有如下误差估计:

$$\|U - u\|_{\bar{\Omega}^N} \leqslant C \left(N^{-1} \ln N \right)^4. \tag{4.4.35}$$

证明 由式 (4.4.19) 可知: 估计误差等价于估计 φ 的界. 按照文献 [13] 中的证明思想, 首先定义如下网格函数

$$\chi_i = \begin{cases} \dfrac{x_i}{\sigma}, & 0 \leqslant i \leqslant \dfrac{N}{8}, \\[2mm] 1, & \dfrac{N}{8} < i \leqslant \dfrac{3N}{8}, \\[2mm] \dfrac{d - 2h^{(3)} - h^{(2)} - x_i}{\sigma}, & \dfrac{3N}{8} + 1 \leqslant i \leqslant \dfrac{N}{2} - 3, \\[2mm] \dfrac{\sigma + h^{(3)}}{\sigma}, & \dfrac{N}{2} - 2 \leqslant i \leqslant \dfrac{N}{2}, \\[2mm] \dfrac{d + \sigma + h^{(3)} - x_i}{\sigma}, & \dfrac{N}{2} < i \leqslant \dfrac{N}{2} + 2, \\[2mm] \dfrac{x_i - d}{\sigma}, & \dfrac{N}{2} + 3 \leqslant i \leqslant \dfrac{5N}{8}, \\[2mm] 1, & \dfrac{5N}{8} < i \leqslant \dfrac{7N}{8}, \\[2mm] \dfrac{1 - x_i}{\sigma}, & \dfrac{7N}{8} < i \leqslant N. \end{cases} \tag{4.4.36}$$

令

$$W_i = C (1 + \chi_i) \left(N^{-1} \ln N \right)^4$$

是一个离散障碍函数. 通过计算可得

$$\Lambda W_i \geqslant R_i, \quad 1 \leqslant i < N$$

对于充分大的 N 成立. 因此, 对 $W \pm \varphi$ 在网格区间 $\bar{\Omega}^N$ 应用离散极大模原理 (引理 4.4.2) 可得

$$\|\varphi\|_{\bar{\Omega}^N} \leqslant C \left(N^{-1} \ln N \right)^4. \tag{4.4.37}$$

结合式 (4.4.37) 和 (4.4.19) 可得定理成立.　　　　　　　　　　　　证毕.

4.4.5　数值例子

下面给出数值例子来验证理论结果的正确性.

$$\begin{cases} -\varepsilon^2 u''(x) + u(x) = f(x), & x \in \Omega^- \cup \Omega^+, \\ u(0) = u(1) = f(0), \end{cases}$$

其中

$$f(x) = \begin{cases} -0.5x, & 0 \leqslant x \leqslant 0.5, \\ 0.5, & 0.5 < x \leqslant 1. \end{cases}$$

上述数值例子的准确解为

$$u(x) = \begin{cases} 0.25(\xi + \eta)\left(\mathrm{e}^{-(0.5-x)/\varepsilon} - \mathrm{e}^{-(0.5+x)/\varepsilon}\right) - 0.5x, & 0 \leqslant x \leqslant 0.5, \\ 0.25(\xi - \eta)\mathrm{e}^{-1/(2\varepsilon)}\left(\mathrm{e}^{-(x-1)/\varepsilon} - \mathrm{e}^{-(1-x)/\varepsilon}\right) \\ \quad + 0.5\left(1 - \mathrm{e}^{-(1-x)/\varepsilon}\right), & 0.5 < x \leqslant 1, \end{cases}$$

其中

$$\xi = \frac{\varepsilon - \mathrm{e}^{-1/(2\varepsilon)}}{1 + \mathrm{e}^{-1/\varepsilon}}, \quad \eta = \frac{1.5 - \mathrm{e}^{-1/(2\varepsilon)}}{1 - \mathrm{e}^{-1/\varepsilon}}.$$

选取 $\varepsilon = 10^{-8}$, 使得问题能够体现奇异摄动的特性. 分别计算问题的离散最大模误差

$$e_\varepsilon^N = \max_{1 \leqslant i \leqslant N} |u_{\varepsilon,i} - U_{\varepsilon,i}|, \quad E^N = \max_\varepsilon e_\varepsilon^N$$

和 Shishkin 收敛速率

$$r_\varepsilon^N = \frac{\ln e_\varepsilon^N - \ln e_\varepsilon^{2N}}{\ln(2\ln N) - \ln(\ln(2N))}, \quad R^N = \frac{\ln E^N - \ln E^{2N}}{\ln(2\ln N) - \ln(\ln(2N))}.$$

数值结果 (表 4.4) 验证了定理 4.4.1 的正确性.

表 4.4 混合差分格式 (4.4.7) 在 Shishkin 网格 $\bar{\Omega}^N$ 上的误差和收敛速率

ε	网格点数 N					
	64	128	256	512	1024	2048
10^{-2}	3.4894e−3	1.7662e−4	8.7528e−6	5.5665e−7	3.4830e−8	2.1775e−9
	5.535	5.369	4.789	4.715	4.637	—
10^{-3}	7.3009e−3	9.4205e−4	8.1893e−5	8.6906e−6	8.3930e−7	7.7064e−8
	3.799	4.365	3.899	3.977	3.994	—
10^{-4}	7.2974e−3	9.4202e−4	8.1893e−5	8.6906e−6	8.3930e−7	7.7064e−8
	3.798	4.365	3.899	3.977	3.994	—
10^{-5}	7.2970e−3	9.4220e−4	8.1893e−5	8.6906e−6	8.3930e−7	7.7064e−8
	3.798	4.365	3.899	3.977	3.994	—
10^{-6}	7.2970e−3	9.4202e−4	8.1893e−5	8.6906e−6	8.3930e−7	7.7064e−8
	3.798	4.365	3.899	3.977	3.994	—
10^{-7}	7.2970e−3	9.4202e−4	8.1893e−5	8.6906e−6	8.3930e−7	7.7064e−8
	3.798	4.365	3.899	3.977	3.994	—
10^{-8}	7.2970e−3	9.4202e−4	8.1893e−5	8.6906e−6	8.3929e−7	7.7064e−8
	3.798	4.365	3.899	3.977	3.994	—
10^{-9}	7.2970e−3	9.4202e−4	8.1893e−5	8.6906e−6	8.3930e−7	7.7064e−8
	3.798	4.365	3.899	3.977	3.994	—
E^N	7.3009e−3	9.4205e−4	8.1893e−5	8.6906e−6	8.3930e−7	7.7064e−8
R^N	3.798	4.365	3.899	3.977	3.994	—

参 考 文 献

[1] Clavero C, Gracia J I. High order methods for elliptic and time dependent reactiondiffusion singularly perturbed problems. Appl. Math. Comput., 2005, 168(2): 1109-1127.

[2] Farrell P, Hegarty A F, Miller J J H, O'Riordan E, Shishkin G I. Robust Computational Techniques for Boundary layers. Boca Raton: Chapman and Hall/CRC, 2000.

[3] Cai X, Liu F. Uniform convergence difference schemes for singularly perturbed mixed boundary problems. J. Comput. Appl. Math., 2004, 166: 31-54.

[4] Cen Z D. A hybrid difference scheme for a singularly perturbed convectiondiffusion problem with discontinuous convection coefficient. Appl. Math. Comput., 2005, 169(1): 689-699.

[5] Farrell P A, Hegarty A F, Miller J J H, O'Riordan E, Shishkin G I. Global maximum norm parameter-uniform numerical method for a singularly perturbed convection-diffusion problem with discontinuous convection coefficient. Math. Compu. Model., 2004, 40(11): 1375-1392.

[6] Roos H G, Stynes M, Tobiska L. Numerical Methods for Singularly Perturbed Differential Equations. Springer Series in Computational Mathematics. Berlin: Springer-Verlag, 1996.

[7] Stynes M, Roos H G. The midpoint upwind scheme. Appl. Numer. Math., 1997, 23(3): 361-374.

[8] Stynes M, Tobiska L. A finite difference analysis of a streamline diffusion method on a Shishkin mesh. Numer. Algorithms, 1998, 18(3-4): 337-360.

[9]   Roos H G. Layer-adapted grids for singularly perturbed boundary value problems. Z. Angew. Math. Mech., 1998, 78: 291-309.

[10] Chandru M, Prabha T, Shanthi V. A hybrid difference scheme for a second-order singularly perturbed reaction-diffusion problem with non-smooth data. Int. J. Appl. Comput. Math., 2015, 1: 87-100.

[11] Miller J J H, O'Riordan E, Shishkin G I, Wang S. A parameter-uniform Schwarz method for a singularly perturbed reaction-diffusion problem with an interior layer. Appl. Numer. Math., 2000, 35: 323-337.

[12] Cen Z, Le A, Xu A. A high-order finite difference scheme for a singularly perturbed reaction-diffusion problem with an interior layer. Advances in Difference Equations, 2017, 2017: 202.

[13] Linß T. Robust convergence of a compact fourth-order finite difference scheme for reaction-diffusion problems. Numer. Math., 2008, 111: 239-249.

[14] Cen Z, Xu A, Le A, Liu L B. A uniformly convergent hybrid difference scheme for a system of singularly perturbed initial value problems. International Journal of Computer Mathematics, 2020, 97(5): 1058-1086.

第 5 章　奇异摄动问题的高精度算法

5.1　引　　言

本章将介绍一类奇异摄动问题的高精度计算方法. 由于奇异摄动问题含有边界层 (boundary layer) 或过渡层 (transition layer), 因此常规的数值方法不容易把奇异摄动问题计算好. 本章试图将目前奇异摄动数值领域中一些高精度的计算方法作一些介绍. 其主要内容如下.

5.1.1　多尺度方法

多尺度方法的主要思想是将微分方程的解 $u(x)$ 分解成几个解的和. 它们分别具有不同的尺度. 即: 若边界层或过渡层位于 x_0, 其宽度为 $O(\varepsilon)$, 则可引进边界层或过渡层变量 $\xi = \dfrac{x - x_0}{\varepsilon}$, $u(x)$ 可分解成 $u(x) = w(x) + v(\xi)$, 其中 $w(x)$ 可视为 $\varepsilon \to 0$ 时的退化解. 分别导出 $w(x)$ 与 $v(\xi)$ 所满足的微分方程与边界条件, 解之即得 $w(x)$ 与 $v(\xi)$, 从而求出 $u(x)$. 这一方法的优点在于, 由于 $w(x)$ 与 $v(\xi)$ 所满足的方程均与 ε 无关, 故可以较为方便地计算出 $w(x)$ 与 $v(\xi)$, 当小参数 ε 很小时, 仍可以计算出很准确的解, 其缺点是当遇到较为复杂的问题时, 解的分解 (the solution decomposition) 不容易操作.

多尺度有限元法是多尺度方法的一个重要分支, 它充分利用了有限元法成熟的理论分析系统, 在已有基础上发展了不同大小尺度之间的多尺度计算格式. 其基本思想是基于微分算子在宏观尺度求解局部方程中获得了多尺度基函数, 利用有限元格式将小尺度下解的有效信息带入宏观尺度, 从而在大尺度网格用较少的计算资源最终得到解的良好性态.

5.1.2　微分求积法 (即谱方法中的配点法)

谱方法是微分方程数值计算领域中的一种十分有效的数值方法. 谱方法不同于差分方法也不同于有限元法. 在谱方法中试探函数被取为无穷可微的整体函数 (它们一般是奇异和非奇异 Sturm-Liouville 问题的特征函数), 根据检验函数的不同选取, 谱方法可分为 Galerkin 谱方法、Tau 方法和配点法. Galerkin 谱方法有时就称为谱方法, 配点法有时也称为拟谱方法.

在 Galerkin 谱方法中检验函数与试探函数属于同一个空间, 并要求满足边界条件; Tau 方法类似于 Galerkin 谱方法, 但不要求检验函数满足边界条件, 而是利用边界条件补充一些方程, 最后得到一个封闭的方程组. 配点法则是取检验函数为以那些配置点为中心的 Dirac-δ 函数, 使得微分方程在这些配置点上精确成立.

谱方法的最大优点是所谓 "无穷阶收敛性", 即如果原问题的解充分光滑, 那么谱方法的收敛阶将是无穷阶的; 此外, 快速算法的使用可以大大减少工作量. 当然谱方法也有其不足: 其一是要求原问题解的正则性较好; 其二是要求求解区域比较规则, 一般是乘积型区域.

谱方法在理论研究方面虽然已取得了一些重要进展, 但与差分法和有限元法相比还差得很远, 尤其是非线性非周期情形的拟谱方法还有很多问题有待进一步研究; 关于谱方法的思想及其理论研究, 读者可参阅文献 [1–3].

微分求积法 (differential quadrature method)[4] 是由 Bellman 及其同事在 20 世纪 70 年代初期提出的求解微分方程的一种数值计算方法. 自它被提出以来在工程界、力学界、物理学界等许多领域得到了广泛的应用. 尽管微分求积法和配点法在算法设计上各有差异, 但本质上是一样的.

微分求积法的核心在于函数对某一变量的偏导数可以由此变量方向上所有离散点处的函数值的加权平均来逼近, 其中的权系数不依赖于任何具体问题而只与网格剖分有关. 因此, 微分方程问题可以化简为一个线性代数方程组问题来解决.

由于奇异摄动问题在工程界、力学界、物理学界等领域有广泛应用, 因此本书在介绍这一类高精度方法时主要采用了微分求积法这一名称 (本质上就是谱方法中的配点法).

由于存在边界层或过渡层, 我们需要在变化激烈的区域网点加密, 于是引入了有理微分求积法 (也称有理谱配点法, 请见 [5, 6]), 使得计算更加高效.

5.1.3　Sinc 方法

Sinc 方法也是一类高精度的数值算法, 能有效处理一类在边界有奇性或是空间有振荡的问题.

Sinc 方法基于 Sinc 函数插值. Sinc 函数在无穷域积分内积下是一族正交函数族. 最原始的 Sinc 方法是一种无界域上的 Fourier 谱方法. 后来, Stenger[7], Lund 和 Bowers[8] 等深入研究了 Sinc 方法的理论, 并对 Sinc 方法作了重要发展, 使 Sinc 方法扩展到了有界域、半无界域上的很多问题. 最近, Sugihara[9,10] 等又将双指数变换 (double exponential transformation, DET) 用于 Sinc 方法, 达到了很好的效果.

微分求积法是以多项式为基函数的, 因此它的逼近性态是在 Sobolev 空间中研究的, 而 Sinc 方法是以 Sinc 函数作为基函数的, 它的逼近性态是在解析函数空间中研究的, 它们之间有较大的差别.

由于 Sinc 方法在捕捉过渡层或边界层时有更好的效果, 因此本书对 Sinc 方法也将进行研究和介绍.

5.1.4　利用 MATLAB 库程序来求解奇异摄动两点边值问题

　　MATLAB 软件的库程序中有一些库程序可以用来求解奇异摄动问题, 其中求解两点边值问题的库程序主要是 bvp4c. 这里介绍 bvp4c 的使用方法, 并通过几个算例来说明如何用 bvp4c 来计算奇异摄动两点边值问题. 后面几节中我们有时用 bvp4c 来确定边界层或过渡层位置.

　　下面介绍库程序 bvp4c 的用法.

　　bvp4c 是 MATLAB 中专门用来求解两点边值问题的库程序, 主要用于求解如下两点边值问题:

$$y'(x) = f(x, y(x)), \tag{5.1.1}$$

$$g(y(a), y(b)) = 0. \tag{5.1.2}$$

　　使用 bvp4c 的语句格式如下:

$$\text{sol} = \text{bvp4c (odefun, bcfun, } \sin it, \text{ options, } p_1, p_2, \cdots).$$

　　语句中各个输入量如下定义:

　　用 odefun 定义要求解的微分方程 (5.1.1) 右端的函数名 $f(x, y)$, 也可带参数 p 等, 即 $f(x, y, p)$.

　　用 bcfun 定义边界条件函数 $bc(y(a), y(b)) = 0$ 或 $bc(y(a), y(b), p) = 0$.

　　$\sin it$ 是由 bvpinit 得到的粗略解网格, 其使用方法如下:

$$\sin it = \text{bvpinit}(x, v),$$

其中 x 是初始求解节点. 如果在 $[a, b]$ 上采用了 n 个节点, 可令 $x = \text{linspace}(a, b, n)$. 在方程的解变化剧烈的地方要多设置一些数据点. v 是一个猜测解, 它可以是矢量或函数. 若是矢量, 则对于解的每一个分量, bvpinit 将复制矢量对应的分量作为所有网格点上常数猜测值. 若是函数, 则对给定的数据点网格, 函数将返回一个矢量, 它的元素是解对应分量的一个猜测值. 例如

$$\sin it = \text{bvpinit}(x, @yfun),$$

$p_1, p_2, \cdots$ 为参数, bvp4c 可将参数 $p_1, p_2, \cdots$ 传递给 odefun, bcfun. options 用以设置求解选项, 采用 options = [ ] 表示不改变原来的设置. 输出变量 sol 是一个结构. 其中 sol.x 为求解节点, sol.y 是对应于求解节点的数值解 $y(x)$. 语句 $sx = \text{deval}(\text{sol}, x_i)$ 用来计算由 bvp4c 算得的解在 x_i 处的值, 其中 x_i 可以是 $[a, b]$ 上的任意一点.

例 5.1.1[11]

$$\begin{cases} \varepsilon y'' + xy' = -\varepsilon \pi^2 \cos \pi x - \pi x \sin \pi x, & -1 \leqslant x \leqslant 1, \\ y(-1) = 2, \quad y(1) = 0, \end{cases}$$

其中 $\varepsilon > 0$ 为小参数, ε 是各个子函数共用的一个参数, bvp4c 要把它的值传递给所有的函数, 当 ε 很小时, 这是一个很困难的问题. 在 $x = 0$ 处, 解有一个过渡层. 用 MATLAB 库程序 bvp4c 求解例 5.1.1 的数值结果见图 5.1.

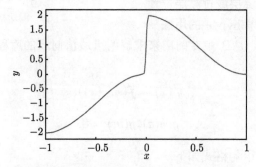

图 5.1　$\varepsilon = 10^{-4}$ 时例 5.1.1 的数值解

例 5.1.2

$$\begin{cases} \mu u' = -2uv - 3v^2 + 1, \\ \mu v' = v^2 - \dfrac{9}{64}(x+3)^2, \end{cases}$$

以及

$$u(-1) + 3v(-1) = 0,$$

$$u(1) + 3v(1) = 0.$$

本例 u 在左右两侧有边界层, v 在右侧有边界层. 用 MATLAB 库程序 bvp4c 求解例 5.1.2 的数值结果见图 5.2.

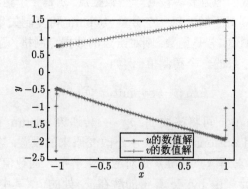

图 5.2　例 5.1.2 的计算结果

5.2 多尺度方法

多尺度方法 (the method of multiple scale) 在奇异摄动理论的研究中占有重要地位, 是建立在渐近分析的基础上的[12]. 最近一些文献[13-18] 把多尺度方法与数值方法结合, 发展了一种边界层函数方法, 很好地解决了超薄边界层的计算问题. 以下简要介绍相关文献中介绍的这一类方法, 我们统一称为多尺度方法.

5.2.1 含有边界层的两点边值问题的多尺度方法[13,15]

考虑如下奇异摄动问题

$$\varepsilon u_{xx} + f(x,u)u_x + g(x,u) = 0, \quad x \in [0,1], \tag{5.2.1}$$

$$u(0) = \alpha, \quad u(1) = \beta, \tag{5.2.2}$$

其中 $\varepsilon > 0$ 为小参数, 且 $f(x,u)$, $g(x,u)$ 关于 x, u 可微, 假设:

(H$_1$) $f(x,u) \geqslant u_0 > 0$, $\forall x \in [0,1]$, $\forall u \in \mathbb{R}$;

(H$_2$) 退化问题

$$f(x,w)\frac{\mathrm{d}w}{\mathrm{d}x} + g(x,w) = 0, \quad x \in (0,1), \tag{5.2.3}$$

$$w(1) = \beta \tag{5.2.4}$$

存在唯一解 $w(x)$, 且可微.

在上述假设条件下式 (5.2.1), (5.2.2) 的解在 $x = 0$ 处具有宽度为 $O(\varepsilon)$ 的边界层, 且没有内层. 令

$$\xi = \frac{x}{\varepsilon}, \tag{5.2.5}$$

将 x 与 ξ 视为不同的空间尺度, 对原问题作解分解 (solution decomposition)

$$u(x) = w(x) + v(\xi), \tag{5.2.6}$$

将式 (5.2.6) 代入式 (5.2.1), (5.2.2) 得到边界层函数 $v(\xi)$ 满足

$$\frac{\mathrm{d}^2 v}{\mathrm{d}\xi^2} + f\left(\varepsilon\xi, w(\varepsilon\xi) + v(\xi)\right)\frac{\mathrm{d}v}{\mathrm{d}\xi} = -\varepsilon^2 \frac{\mathrm{d}^2 w}{\mathrm{d}x^2}.$$

令 $\varepsilon \to 0$ 可得

$$\frac{\mathrm{d}^2 v}{\mathrm{d}\xi^2} + f\left(0, w(0) + v(\xi)\right)\frac{\mathrm{d}v}{\mathrm{d}\xi} = 0, \tag{5.2.7}$$

以及边界条件

$$v(0) = \alpha - w(0), \quad \lim_{\xi \to \infty} v(\xi) = 0. \tag{5.2.8}$$

引理 5.2.1　在假设条件 (H_1), (H_2) 下, (5.2.7), (5.2.8) 有唯一解 $v(\xi)$, 且满足

$$|v(\xi)| \leqslant |\alpha - w(0)|\, \mathrm{e}^{-u_0 \xi}.$$

证明　令

$$z_1(\xi) = |\alpha - w(0)|\, \mathrm{e}^{-u_0 \xi}, \quad z_2(\xi) = |\alpha - w(0)|\, \mathrm{e}^{-u_0 \xi}.$$

由假设条件 (H_1) 得

$$\frac{\mathrm{d}^2 z_1}{\mathrm{d}\xi^2} + f\left(0, w(0) + z_1(\xi)\right)\frac{\mathrm{d}z_1}{\mathrm{d}\xi} \leqslant 0,$$

$$z_1(0) \geqslant \alpha - w(0), \quad z_1(+\infty) = 0,$$

$$\frac{\mathrm{d}^2 z_2}{\mathrm{d}\xi^2} + f\left(0, w(0) + z_1(\xi)\right)\frac{\mathrm{d}z_2}{\mathrm{d}\xi} \geqslant 0,$$

$$z_2(0) \leqslant \alpha - w(0), \quad z_2(+\infty) = 0.$$

利用微分不等式原理, (5.2.7), (5.2.8) 有解 $v = v(\xi) \in C^2(0, +\infty)$, 满足

$$z_2(\xi) \leqslant v(\xi) \leqslant z_1(\xi), \quad \xi \in [0, +\infty).$$

唯一性直接由文献 [19] 中定理 22 得.　　　　　　　　　　　　　　　证毕.

引理 5.2.2　假设条件 (H_1), (H_2) 成立, 则对充分小的 $\varepsilon > 0$, (5.2.1), (5.2.2) 存在唯一解

$$u = u(x, \varepsilon), \quad x \in [0, 1],$$

且有如下渐近展开式

$$u(x, \varepsilon) = w(x) + v\left(\frac{x}{\varepsilon}\right) + O(\varepsilon),$$

其中 $w(x)$ 为由 (5.2.3), (5.2.4) 确定的退化问题的解, $v(\xi)$ 为由 (5.2.7), (5.2.8) 确定的边界层函数.

证明　请见文献 [12].　　　　　　　　　　　　　　　　　　　证毕.

定理 5.2.1　(5.2.1), (5.2.2) 的解具有如下的渐近展开式

$$u(x, \varepsilon) = u(x) + \bar{v}(\xi) + O(\xi),$$

其中

$$\bar{v}(\xi) = \begin{cases} v_0(\xi), & 0 \leqslant \xi \leqslant T, \\ 0, & \xi > T, \end{cases}$$

$$T = \frac{1}{u_0} \ln \frac{|\alpha - w(0)|}{\varepsilon},$$

而 $v_0(\xi)$ 是如下初值问题的解:

$$\frac{\mathrm{d}v}{\mathrm{d}\xi} = -\int_0^v f(0, w(0) + s)\mathrm{d}s, \tag{5.2.9}$$

$$v(0) = \alpha - w(0). \tag{5.2.10}$$

证明 根据引理 5.2.2, 仅需证明

$$v(\xi) - \bar{v}(\xi) = O(\varepsilon), \quad 0 \leqslant \xi < +\infty.$$

对于 (5.2.7), 关于 ξ 从 0 到 $+\infty$ 积分得

$$v'(0) = \int_{\alpha - w(0)}^0 f(0, w(0) + s)\mathrm{d}s, \tag{5.2.11}$$

其中利用了关系式 $\lim_{\xi \to \infty} v'(\xi) = 0$. 令

$$z = \frac{\mathrm{d}v}{\mathrm{d}\xi} + \int_{\alpha - w(0)}^v f(0, w(0) + s)\mathrm{d}s. \tag{5.2.12}$$

对 z 关于 ξ 求导, 并利用 (5.2.7), (5.2.11) 得

$$\frac{\mathrm{d}z}{\mathrm{d}\xi} = 0, \tag{5.2.13}$$

$$z(0) = \int_{\alpha - w(0)}^0 f(0, w(0) + s)\mathrm{d}s, \tag{5.2.14}$$

于是

$$z(\xi) = \int_{\alpha - w(0)}^0 f(0, w(0) + s)\mathrm{d}s. \tag{5.2.15}$$

由式 (5.2.12), (5.2.15) 可得 (5.2.9). 对于 $\xi > T$, 由引理 5.2.1 得

$$|v(\xi) - \bar{v}(\xi)| = |v(\xi)| \leqslant |\alpha - w(0)| \mathrm{e}^{-u_0 \xi} < |\alpha - w(0)| \mathrm{e}^{-u_0 T} = \varepsilon.$$

证毕.

由定理 5.2.1 知: 原边值问题 (5.2.1), (5.2.2) 可以转化为两个边值问题 (5.2.3), (5.2.4) 和 (5.2.9), (5.2.10). 这两个初值问题没有奇性, 很容易数值求解, 例如用 R-K 方法求解.

例 5.2.1

$$\begin{cases} \varepsilon u_{xx} + u u_x - u = 0, & x \in (0,1), \\ u(0) = -1, & u(1) = 3.9995, \end{cases}$$

容易推得退化问题满足常微分方程

$$\begin{cases} w w_x - w = 0, \\ w(1) = 3.995. \end{cases}$$

解得

$$w(x) = x + 2.9995.$$

于是有

$$w(0) = 2.9995.$$

边界层校正问题满足常微分方程

$$\begin{cases} \dfrac{\mathrm{d}v}{\mathrm{d}\xi} = -\int_0^v (w(0) + s)\,\mathrm{d}s = -w(0)v - \dfrac{v^2}{2}, \\ v(0) = -1 - w(0). \end{cases}$$

上述常微分方程解为

$$v = \frac{-2w(0)\,(1 + w(0))}{(w(0) - 1)\,\mathrm{e}^{w(0)\xi} + 1 + w(0)},$$

从而

$$\begin{aligned}
u(x,\varepsilon) &= w(x) + v(\xi) + O(\varepsilon) \\
&= x + w(0) - \frac{2w(0)\,(1 + w(0))}{(w(0) - 1)\,\mathrm{e}^{w(0)\xi} + 1 + w(0)} + O(\varepsilon) \\
&= x + w(0)\frac{(w(0) - 1)\,\mathrm{e}^{w(0)\xi} - (1 + w(0))}{(w(0) - 1)\,\mathrm{e}^{w(0)\xi} + 1 + w(0)} + O(\varepsilon) \\
&= x + w(0)\tanh\left[\frac{1}{2}\left(w(0)\xi + \ln\frac{w(0) - 1}{w(0) + 1}\right)\right] + O(\varepsilon).
\end{aligned}$$

5.2.2　含过渡层的两点边值问题的多尺度方法[17]

含过渡层的两点边值问题的多尺度方法, 相关文献见得很少, 理论研究成果更少, 但 5.2.1 小节中给出的多尺度方法同样可以应用到这一类问题中去, 以下主要介绍相应的算法.

考虑两点边值问题:

$$\varepsilon u_{xx} + a(x,u)u_x + b(x,u) = 0, \quad x \in (0,1), \tag{5.2.16}$$

$$u(0) = u^0, \quad u(1) = u^1. \tag{5.2.17}$$

相应的退化问题为

$$a(x,u)u_x + b(x,u) = 0, \tag{5.2.18}$$

$$u(0) = u^0 \tag{5.2.19}$$

和

$$a(x,u)u_x + b(x,u) = 0, \tag{5.2.20}$$

$$u(1) = u^1, \tag{5.2.21}$$

记退化问题 (5.2.18)—(5.2.19) 和 (5.2.20)—(5.2.21) 的解分别为 $u^L(x)$, $u^R(x)$. 求解如下方程, 得到 x_0[12]:

$$\int_{u^L(x_0)}^{u^R(x_0)} a(x_0, u)\mathrm{d}u = 0.$$

设

$$x = x_0 + \varepsilon^m \xi, \quad \xi = \frac{x - x_0}{\varepsilon^m}.$$

于是有

$$u_x = u_\xi \xi_x = \varepsilon^{-m} u_\xi, \quad u_{xx} = \varepsilon^{-2m} u_{\xi\xi}.$$

代入式 (5.2.16) 有

$$\varepsilon^{1-2m} u_{\xi\xi} + \varepsilon^{-m} a(x_0 + \varepsilon^m \xi, u)u_\xi + b(x_0 + \varepsilon^m \xi, u) = 0,$$

$$u_{\xi\xi} + \varepsilon^{m-1} a(x_0 + \varepsilon^m \xi, u)u_\xi + \varepsilon^{2m-1} b(x_0 + \varepsilon^m \xi, u) = 0.$$

寻找一个合适的 m 使得

$$\varepsilon^{m-1} a(x_0 + \varepsilon^m \xi, u) = a(\xi, u).$$

则 ξ 与 x 的关系即可推得.

例如:

(1) $a(x,u) = u$, 则 $m_0 = 1$. $\tag{5.2.22}$

(2) $x_0 = 0$, $a(x,u) = x$, 则 $m_0 = \dfrac{1}{2}$. $\tag{5.2.23}$

讨论如下一类过渡层问题的计算方法

$$\begin{cases} \varepsilon u_{xx} + a\left(u + f(x)\right) u_x + b(x,u) = 0, \\ u(0) = u^0, \quad u(1) = u^1, \end{cases} \tag{5.2.24}$$

其中设函数 $a(\eta)$ 是 η 的奇函数, $a(\eta)$ 和 $b(x,u)$ 足够光滑.

(1) 构造两个子程序, 分别计算

$$u^L(x): \quad \begin{cases} a\left(u + f(x)\right) u_x + b(x,u) = 0, \\ u(0) = u^0. \end{cases} \tag{5.2.25}$$

$$u^R(x): \quad \begin{cases} a\left(u + f(x)\right) u_x + b(x,u) = 0, \\ u(1) = u^1. \end{cases} \tag{5.2.26}$$

(2) 设

$$H(x) = \int_{u^L(x)}^{u^R(x)} a\left(\eta + f(x)\right) \mathrm{d}\eta = \int_{u^L(x)+f(x)}^{u^R(x)+f(x)} a\left(\eta\right) \mathrm{d}\eta.$$

求

$$w(x) = \frac{u^L(x) + u^R(x)}{2} + f(x)$$

的根 x_0, 并设在 $x \in (0,1)$ 内 $w(x)$ 仅有唯一根: $w(x_0) = 0$.

记 $d = u^R(x_0) + f(x_0)$, 由于

$$\frac{u^L(x_0) + u^R(x_0)}{2} + f(x_0) = 0,$$

我们有 $u^L(x_0) + f(x_0) + u^R(x_0) + f(x_0) = 0$, $u^L(x_0) + f(x_0) = -d$, 其中 $d = \dfrac{u^L(x_0) - u^R(x_0)}{2}$. 故

$$H(x_0) = \int_{-d}^{d} a\left(\eta\right) \mathrm{d}\eta = 0.$$

即 $w(x)$ 的根也是 $H(x)$ 的根, 从而 x_0 是过渡层的位置, 令

$$u(x_0) = \frac{1}{2}\left(u^R(x_0) + u^L(x_0)\right). \tag{5.2.27}$$

我们引入一个区域分解的方法. 首先考虑区间 $[x_0, 1]$, 同前面介绍一样, 引入一个拉伸变换:

$$\xi = \frac{x - x_0}{\varepsilon}, \quad v^R(\xi) = u(x) - u^R(x) + d.$$

得到如下式子:

$$u_x = \frac{1}{\varepsilon}v_\xi^R + u_x^R, \quad u_{xx} = \frac{1}{\varepsilon^2}v_{\xi\xi}^R + u_{xx}^R.$$

将上面的式子代入式 (5.2.24), 等式两边乘以 ε, 然后再令 $\varepsilon \to 0$, 我们得到关于 $v^R(\xi)$ 的右校正项

$$v_{\xi\xi}^R + a(v^R)v_\xi^R = 0, \tag{5.2.28}$$

$$v^R(0) = 0, \tag{5.2.29}$$

$$v^R(\infty) = u(1) - u^R(1) + d = d. \tag{5.2.30}$$

注意到 $v_\xi^R = \varepsilon(u_x - u_x^R)$, 有

$$\lim_{\xi \to \infty} v_\xi^R = \lim_{\varepsilon \to 0} \varepsilon(u_x - u_x^R) = 0.$$

令 $v_\xi^R = P$, 我们有 $v_{\xi\xi}^R = P_\xi = P_v v_\xi = P_v P$. 为了简洁, 下面忽略掉 v^R 的上标 R. 将上面的式子代入式 (5.2.28), 有

$$P_v P + a(v)P = 0.$$

显然, 我们得到

$$P_v = -a\,(v)\,.$$

因为 $P(\infty) = 0$. 于是对上面的式子两边积分, 有

$$P(v) = \int_\infty^v P_v \mathrm{d}v = -\int_d^v a(\eta)\mathrm{d}\eta.$$

记 $h(v) = -\displaystyle\int_d^v a(\eta)\mathrm{d}\eta$. 我们可以将求解 $v^R(x)$ 的问题转化为一个一阶问题:

$$\begin{cases} \dfrac{\mathrm{d}v}{\mathrm{d}\xi} = h(v), \\ v(0) = 0. \end{cases}$$

对于上述问题, 我们仅需要计算区间 $[0,T]$ 上的解, 其中 T 使得 $\left|v^R(T) - d\right| < \varepsilon$.

同理, 我们可以得到左校正项 v^L:

$$v_{\eta\eta}^L + a(v^L)v_\eta^L = 0, \tag{5.2.31}$$

$$v^L(0) = 0, \tag{5.2.32}$$

$$v^L(\infty) = -d. \tag{5.2.33}$$

当 $a(\eta)$ 是奇函数时, 设 $V^R(\xi)$ 满足式 (5.2.28)—(5.2.30), 取 $\eta = -\xi$, 我们有

$$v^L(\eta) = -v^R(\xi), \tag{5.2.34}$$

满足式 (5.2.31)—(5.2.33).

事实上, 由于 $v^L(0) = -v^R(0)$ 满足式 (5.2.32), $v^L(\infty) = -v^R(\infty)$ 满足式 (5.2.33),

$$v_\eta^L = -v_\xi^R \xi_\eta = v_\xi^R, \quad v_{\eta\eta}^L = v_{\xi\eta}^R = v_{\xi\xi}^R \xi_\eta = -v_{\xi\xi}^R,$$

$$a(v^L) = a(-v^R) = -a(v^R),$$

$$v_{\eta\eta}^L + a(v^L)v_\eta^L = -v_{\xi\xi}^R - a(v^R)v_\xi^R = 0,$$

故式 (5.2.31) 也满足. 因此不必求解 (5.2.31)—(5.2.33), 而由式 (5.2.34) 直接得到 v^L.

例 5.2.2　考虑问题

$$\begin{cases} \varepsilon u_{xx} = (u_x + 1)(u + x^2 - 2x - 1), \\ u(0) = 3, \quad u(1) = 0.5. \end{cases}$$

该问题的退化问题为

$$\begin{cases} u_x + 1 = 0, \\ u(0) = 3 \end{cases}$$

和

$$\begin{cases} u_x + 1 = 0, \\ u(1) = 0.5. \end{cases}$$

直接把这两个退化问题解出: $u^L(x) = -x + 3$, $u^R(x) = -x + \dfrac{3}{2}$. 由

$$w(x) = \frac{1}{2}\left(u^L(x) + u^R(x)\right) + f(x) = x^2 - 3x + \frac{5}{4},$$

求解 $w(x) = 0$ 可以得出过渡层位置 $x_0 = \dfrac{1}{2}$, 而

$$d = u^R(x_0) + f(x_0) = -\frac{3}{4}.$$

校正问题 $v^R(x)$ 满足的方程为

$$\begin{cases} \dfrac{\mathrm{d}v}{\mathrm{d}\xi} = \displaystyle\int_{-\frac{3}{4}}^{v} \eta \mathrm{d}\eta = \dfrac{v^2}{2} - \dfrac{9}{32}, \\ v(0) = 0. \end{cases}$$

图 5.3 显示了在 $\varepsilon = 10^{-3}$ 时该问题的数值解.

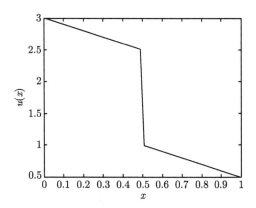

图 5.3 例 5.2.2 在 $\varepsilon = 10^{-3}$ 时的数值解

例 5.2.3 考虑问题

$$\begin{cases} \varepsilon^2 u_{xx} = (x - 0.4)(u + 0.2)(u - 0.5(x^2 + 1)), \\ u(-1) = 0.5, \quad u(1) = 1.5. \end{cases}$$

退化问题满足方程:

$$g(x, u) = (x - 0.4)(u + 0.2)\big(u - 0.5(x^2 + 1)\big) = 0,$$

其退化解为 $u(x) = -0.2$ 和 $u(x) = 0.5(x^2 + 1)$.

我们引入区域分解的方法, 分别考虑四个子区间 $[-1, -0.3]$, $[-0.3, 0.4]$, $[0.4, 0.7]$, $[0.7, 1]$. 于是原问题被分成四个问题:

$$\begin{cases} \varepsilon u_{xx} = (x - 0.4)(u + 0.2)(u - 0.5(x^2 + 1)), \\ u(-1) = 0.5, \quad u(-0.3) = -0.2. \end{cases}$$

$$\begin{cases} \varepsilon u_{xx} = (x - 0.4)(u + 0.2)(u - 0.5(x^2 + 1)), \\ u(-0.3) = -0.2, \quad u(0.4) = 0.5(-0.2 + 0.58) = 0.19. \end{cases}$$

$$\begin{cases} \varepsilon u_{xx} = (x - 0.4)(u + 0.2)(u - 0.5(x^2 + 1)), \\ u(0.4) = 0.19, \quad u(0.7) = 0.745. \end{cases}$$

$$\begin{cases} \varepsilon u_{xx} = (x - 0.4)(u + 0.2)(u - 0.5(x^2 + 1)), \\ u(0.7) = 0.745, \quad u(1) = 1.5. \end{cases}$$

令

$$\xi_1 = (x + 1)/\varepsilon, \quad \xi_2 = (x - 0.4)/\varepsilon^{2/3},$$

$$\xi_3 = (x - 0.4)/\varepsilon^{2/3}, \quad \xi_4 = (x - 1)/\varepsilon.$$

于是我们可以得到四个校正问题:

$$
\begin{cases}
v_{\xi_1\xi_1}^{(1)} = -1.4(v^{(1)} - 1.2)v^{(1)}, \\
v^{(1)}(0) = 0.7, \quad v^{(1)}(\infty) = 0.
\end{cases}
$$

$$
\begin{cases}
v_{\xi_2\xi_2}^{(2)} = \xi(v^{(2)} - 0.78)v^{(2)}, \\
v^{(2)}(0) = 0.39, \quad v^{(2)}(-\infty) = 0.2.
\end{cases}
$$

$$
\begin{cases}
v_{\xi_3\xi_3}^{(3)} = \xi(v^{(3)} + 0.78)v^{(3)}, \\
v^{(3)}(0) = -0.39, \quad v^{(3)}(\infty) = 0.
\end{cases}
$$

$$
\begin{cases}
v_{\xi_4\xi_4}^{(4)} = 0.6(v^{(4)} + 1.2)v^{(4)}, \\
v^{(4)}(-\infty) = 0, \quad v^{(4)}(0) = 0.5.
\end{cases}
$$

在参数 $\varepsilon = 10^{-2}$ 时, 通过普通的数值方法, 可以得出 $u^L(x) = -0.2$ 是在左边的数值解, 而 $u^R(x) = 0.5(x^2 + 1)$ 则是在右边的退化解. 则该问题可以求下式估计:

$$
\bar{u}(x) = \begin{cases}
u^L(x) + v^{(1)}(\xi_1), & x \in [-1, -0.3], \\
u^L(x) + v^{(2)}(\xi_2), & x \in [-0.3, 0.4], \\
u^R(x) + v^{(3)}(\xi_3), & x \in [0.4, 0.7], \\
u^R(x) + v^{(4)}(\xi_4), & x \in [0.7, 1].
\end{cases}
$$

该问题的解由表 5.1 列出, 方法 1 是多尺度方法, 方法 2 是 MATLAB 中的 "bvp4c". 方法 1 对 $\varepsilon < 10^{-2}$ 时仍可计算, 但方法 2 却算不下去了, 说明多尺度方法更适合计算 ε 特别小的奇异摄动问题. 图 5.4 给出该问题在 $\varepsilon = 10^{-3}$ 时方法 1 的数值解.

表 5.1 在 $\varepsilon = 10^{-2}$ 时方法 1 与方法 2 的数值解

x	方法 1	方法 2
-1.00000	0.50000	0.50000
-0.99200	0.08722	0.08966
-0.74000	-0.20000	-0.20000
-0.34000	-0.20000	-0.20000
0.06000	-0.19999	-0.20000
0.36287	0.00162	0.02830
0.40000	0.19000	0.21393
0.43713	0.38781	0.39992
0.69642	0.74249	0.74285
0.99200	1.24648	1.23194
1.00000	1.50000	1.50000

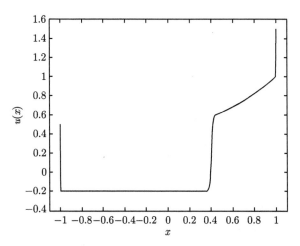

图 5.4 例 5.2.3 在 $\varepsilon = 10^{-3}$ 时方法 1 的数值解

5.2.3 ε 很小时对流占优的对流扩散方程的计算方法

考虑问题

$$u_t + f(u)_x = \varepsilon u_{xx}, \tag{5.2.35}$$

$$u(0,x) = u_0(x), \quad u(t,0) = g_1(t), \quad u(t,1) = g_2(t), \tag{5.2.36}$$

令 $\varepsilon = 0$, 利用计算激波的总变差减少 (total variation diminishing, TVD) 格式求得不同时刻右、左退化解 $u^L(x,t)$, $u^R(x,t)$ 及过渡层的位置 $x = x_0(t)$.

记

$$x_1(t) = \frac{\mathrm{d}x_0(t)}{\mathrm{d}t}, \quad \xi = \frac{x - x_0(t)}{\varepsilon},$$

$$d = \frac{1}{2}\left(u^L\left(x_0(t),t\right) - u^R\left(x_0(t),t\right) \right),$$

$$u\left(x_0(t),t\right) = \frac{1}{2}\left(u^L\left(x_0(t),t\right) + u^R\left(x_0(t),t\right) \right).$$

由激波原理知

$$x_1(t) = \frac{\mathrm{d}x_0(t)}{\mathrm{d}t} = \frac{f\left(u^L\left(x_0(t),t\right)\right) - f\left(u^R\left(x_0(t),t\right)\right)}{u^L\left(x_0(t),t\right) - u^R\left(x_0(t),t\right)}.$$

记 $\dfrac{\mathrm{d}f(u)}{\mathrm{d}u} = f'(u) = a(u)$, 于是 $f(u)_x = a(u)u_x$.

令

$$u(x,t) = \begin{cases} u^L(x,t) + v^L(\xi,t), & 0 < x < x_0(t), \\ u^R(x,t) + v^R(\xi,t), & x_0(t) < x < 1. \end{cases} \tag{5.2.37}$$

仅讨论左边的情形

$$u_t = u_t^L + v_t^L - \frac{1}{\varepsilon} x_1(t) v_\xi^L,$$

$$u_x = u_x^L + \frac{1}{\varepsilon} v_\xi^L, \quad u_{xx} = u_{xx}^L + \frac{1}{\varepsilon^2} v_{\xi\xi}^L.$$

代入方程 (5.2.35),

$$u_t^L + v_t^L - \frac{1}{\varepsilon} x_1(t) v_\xi^L + a(u)\left(u_x^L + \frac{1}{\varepsilon^2} v_\xi^L\right) = \varepsilon u_{xx} + \frac{1}{\varepsilon^2} v_{\xi\xi}^L.$$

令 $\varepsilon \to 0$,

$$\begin{cases} v_{\xi\xi}^L - \left(a\left(v^L + u\left(x_0(t), t\right)\right) - x_1(t)\right) v_\xi^L = 0, \\ v^L(-\infty, t) = 0, \\ v^L(0, t) = u\left(x_0(t), t\right) - u^L\left(x_0(t), t\right) = -d. \end{cases}$$

令 $v_\xi^L = p$, 有 $\dfrac{\mathrm{d}p}{\mathrm{d}v} = a\left(v + u^L\left(x_0(t), t\right)\right) - x_1(t)$.

$$p = \int_0^v \left[a\left(\eta + u\left(x_0(t), t\right)\right) - x_1(t)\right] \mathrm{d}\eta \triangleq h(v).$$

于是可以通过问题

$$\begin{cases} \dfrac{\mathrm{d}v^L}{\mathrm{d}\xi} = h(v^L), \\ v(0) = -d \end{cases}$$

来求解 v^L.

考虑 Burgers 方程问题

$$u_t + u u_x = \varepsilon u_{xx}, \tag{5.2.38}$$

$$u(0, t) = g_1(t), \quad u(1, t) = g_2(t), \quad u(x, 0) = f(x). \tag{5.2.39}$$

记 $x_0(t)$ 为在时刻 t 的过渡层出现的位置, 再分别记 $u^L(x, t)$, $u^R(x, t)$ 为区间 $[0, x_0)$ 和 $(x_0, 1]$ 上的退化解.

记 $d(t) = \dfrac{1}{2}\left(u^L(x_0(t), t) + u^R(x_0(t), t)\right)$, 有

$$u^L(x_0(t), t) = x_1(t) + d(t), \quad u^R(x_0(t), t) = x_1(t) - d(t).$$

考虑区间 $0 < x < x_0(t)$. 引入变换 $\xi = \dfrac{x - x_0(t)}{\varepsilon}$, 令

$$u(x, t) = u^L(x, t) + v^L(\xi(x, t), t),$$

可以得到一个在 t 时刻的两点边值问题. 结合边界条件, 有

$$\begin{cases} v_{\xi\xi}^L - (u^L + d)v_\xi^L = 0, \\ v^L(-\infty, t) = 0, \\ v^L(0, t) = x_1(t) - u^L(x_0(t), t) = -d(t). \end{cases}$$

在区间 $x_0 < x < 1$ 上, 有

$$\begin{cases} v_{\xi\xi}^R - (u^R - d)v_\xi^R = 0, \\ v^R(\infty, t) = 0, \\ v^R(0, t) = d(t). \end{cases}$$

解出

$$v^L(t) = -d(t) - d(t)\tanh\left(\frac{d(t)\xi}{2}\right), \quad v^R(t) = d(t) - d(t)\tanh\left(\frac{d(t)\xi}{2}\right).$$

原问题的估计

$$u(x, t) = \begin{cases} u^L(x, t) - d(t) - d(t)\tanh\dfrac{d(t)\xi}{2}, & 0 < x < x_0(t), \\ u^R(x, t) + d(t) - d(t)\tanh\dfrac{d(t)\xi}{2}, & x_0(t) < x < 1. \end{cases}$$

为了给出 TVD 格式, 我们首先给出一些符号的定义. 对于如下形式的方程

$$u_t + f(u)_x = 0,$$

记 x_j 为空间节点, 有 $0 = x_0 < x_1 < \cdots < x_N = 1$, t_i 是时间节点, 令 $u_j^n = u(x_j, t_n)$. 其他记号的意义如下:

$$f_j^n = f(u_j^n), \quad a(u) = \frac{\mathrm{d}f(u)}{\mathrm{d}u},$$

$$a_{j+1/2}^n = \begin{cases} \dfrac{f_{j+1}^n - f_j^n}{\Delta_{j+1/2}u^n}, & \Delta_{j+1/2}u^n \neq 0, \\ a(u_j), & \Delta_{j+1/2}u^n = 0, \end{cases}$$

其中 $\Delta_{j+1/2}u = u_{j+1} - u_j$, 再记

$$g_j = s \cdot \max[0, \min\{\sigma_{j+1/2}|\Delta_{j+1/2}u|, s \cdot \sigma_{j-1/2}\Delta_{j-1/2}u\}],$$

其中 $s = \text{sign}(\Delta_{j+1/2}u)$, $\sigma_{j+1/2} = \sigma(a_{j+1/2})$.

$$\nu_{j+1/2}^n = \begin{cases} \dfrac{g_{j+1}^n - g_j^n}{\Delta_{j+1/2}u^n}, & \Delta_{j+1/2}u^n \neq 0, \\ 0, & \Delta_{j+1/2}u^n = 0. \end{cases}$$

令 $\tilde{f}_j^n = f_j^n + g_j^n,\ \tilde{a}_j^n = a_j^n + \nu_{j+1/2}^n,$ 则具体的 TVD 格式为

$$u_j^{n+1} = u_j^n - \frac{\lambda}{2}\left(1 - \mathrm{sign}(\tilde{a}_{j+1/2}^n)\right)\left(\tilde{f}_{j+1}^n - \tilde{f}_j^n\right) - \frac{\lambda}{2}\left(1 + \mathrm{sign}(\tilde{a}_{j-1/2}^n)\right)\left(\tilde{f}_{j+1}^n - \tilde{f}_j^n\right),$$

其中 $\lambda = \dfrac{\Delta t}{\Delta x}$ 满足 $\sigma(z) = \dfrac{1}{2}\left[Q(z) - \lambda z^2\right] \geqslant 0,$ 并且

$$Q(z) = \begin{cases} |z|, & |z| \geqslant \mu, \\ (z^2 + \mu^2)/(2\mu), & |z| < \mu, \end{cases}$$

其中 $\mu = 0.1$ 或是取类似的值.

例 5.2.4　考虑 Burgers 方程

$$\begin{cases} u_t + u u_x = \varepsilon u_{xx}, \\ u(0,t) = 0, \quad u(1,t) = 0, \\ u(x,0) = 0.5\sin(\pi x) + \sin(2\pi x). \end{cases}$$

该问题初始状态没有过渡层, 随着时间的推移, 会自动生成一个移动的过渡层. 图 5.5 展示了在 $\varepsilon = 10^{-3}$ 时不同时刻的数值解. 图 5.6 展示了在 $t = 0.3$ 时刻不同 ε 对应的数值解.

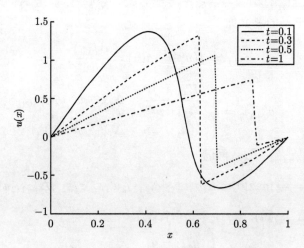

图 5.5　例 5.2.4 在 $\varepsilon = 10^{-3}$ 时不同时刻的数值解

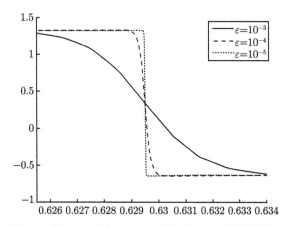

图 5.6 例 5.2.4 在 $t = 0.3$ 时刻不同 ε 对应的数值解

两维的多尺度数值方法, 读者可参阅文献 [18].

5.3 多尺度有限元法

多尺度有限元法 (the multiscale finite element method, MsFEM) 是多尺度方法的一个重要分支, 由加州理工学院侯一钊等于 20 世纪末提出[20,21], 之后不断发展与应用, 德州农工大学 Efendiev 等继而提出广义多尺度有限元法 (the generalized multiscale finite element method, GMsFEM)[22].

奇异摄动问题的数值计算有着悠久的研究历史[23], 当前呈现出更复杂的多尺度现象, 如多参数、边界层、非线性、守恒性等特征. 对于宏观模型而言, 虽然具有计算量小的优点, 但却难以反映其微观变化机理, 导致计算结果较差甚至错误; 而对于微观分析而言, 虽然可以把握细微变化过程, 但由于计算能力的限制而全然采用微观处理几乎是不可能的, 且没有必要. 已有众多工作从不同角度给出了相关策略[24-30]. 比如, Shishkin[25] 考虑抛物型对流扩散奇异摄动边界层问题, 通过摄动系数、网格尺寸等先验信息, 得到自适应有限差分格式及收敛定理. 陈龙、许进超[26] 对奇异摄动完成了自适应有限元法的稳定分析和精度改进. 蔡新等[27] 给出了具备多尺度特性的奇异摄动反应扩散方程的高阶有限差分法, 利用非等距网格有效模拟了边界层.

5.3.1 基于多尺度分解的局部子问题求解多尺度基函数

多尺度有限元法的基本思想是: 基于微分算子在宏观尺度求解局部方程获得多尺度基函数, 利用有限元格式将微观尺度下解的有效信息自动代入宏观尺度, 从而在大尺度网格用较少的计算资源获得解的良好性态, 还便于并行化处理. 其中的一个重点要求即为, 基于原问题的微分算子构建相应的局部子问题, 并通过有限元法计算得到多尺度基函数, 再将这些局部信息耦合组装到全局信息, 最终求解矩阵规模下降后的代数方程组.

不失一般性, 本节考虑一维或高维的某个椭圆型、抛物型、双曲型方程. 用 L 表示微分算子, 原问题为

$$Lu = f(x), \quad 在 \, \Omega \, 上. \tag{5.3.1}$$

其中, f 为右端载荷, x 为多维空间变量, Ω 为求解区域. 方程 (5.3.1) 辅以相应的初边值条件, 若满足适定性就有经典解 u 与弱解 u_g 或 u_h.

经典有限元法构造有限维函数空间 $V^h = \{v \in H^1(\Omega) : v|_K \in P_m(K)\}$, 其中 $H^1(\Omega) = \{f : f \in L^2(\Omega), f' \in L^2(\Omega)\}$, L^2 为平方可积函数空间, $P_m(K)$ 为单元 K 的分片 m 次多项式. Galerkin 有限元法就是寻求 $u_g \in V^h$ 满足

$$a(u_g, v) = (f, v), \quad \forall v \in V^h, \tag{5.3.2}$$

u_g 即为 Galerkin 有限元解. 式 (5.3.2) 的具体形式在接下来几节随问题给出.

经典有限元法的求解过程: ① 将原问题转化为变分形式; ② 对求解区域进行合适的网格剖分; ③ 构造基函数表达式, 生成有限维的有限元空间; ④ 形成相应的代数方程组; ⑤ 精确高效地求解方程组; ⑥ 进行必要的误差估计与稳定性、收敛性分析. 我们已知, 面向当今大量的多尺度、多参数、非线性问题, 经典有限元必须进行非常密的空间网格、时间步长剖分, 从而形成单元自由度过大、总规模巨大的方程组, 而其有效求解必然耗时耗力, 无法满足现今科学计算的需求.

不同于上述经典有限元法, 多尺度有限元法不再用具有解析表达式的有限元基函数, 而是在宏观单元 K 利用相同的微分算子 L, 通过局部子问题求解得到离散型多尺度基函数 φ_i (其中 i 为单元基个数),

$$L\varphi_i = 0, \quad 在 \, K \in \Omega. \tag{5.3.3}$$

将多尺度基 φ_i 嵌入原有限元空间 V^h, 从而张成更饱满的多尺度空间 U^h.

多尺度有限元法就是寻求 $u_h \in U^h$ 满足

$$a(u_h, v) = (f, v), \quad \forall v \in U^h, \tag{5.3.4}$$

u_h 即为多尺度有限元解.

需要说明的是, 经典有限元的式 (5.3.2) 在非常密的网格上进行剖分, 单元 K 数目非常巨大, 其尺度很小, 称之为细网格 (fine grid), 因而待求解的方程组为

$$A_f u_g = f_f, \tag{5.3.5}$$

A_f, f_f 分别表示细网格剖分下形成的总刚度矩阵、总载荷向量, 以获得经典有限元解 u_g. 而式 (5.3.4) 在相对粗网格上进行, 此时单元 K 数目并不大, 其尺度较大, 称之为粗网格 (coarse grid), 待求解的方程组为

$$A_c u_h = f_c, \tag{5.3.6}$$

A_c, f_c 分别表示粗网格剖分下形成的总刚度矩阵、总载荷向量, 以获得多尺度有限元解 u_h. 此时 A_c, f_c 的规模比 A_f, f_f 小得多, 还可以通过降阶技术进一步降为 A_r, f_r(r 表示 reduced). 于是, 存储规模和计算时间降低了, 而运算效率和计算精度反而可以提升, 这充分说明了多尺度有限元法的计算优势, 相关结论在接下来的内容有更详细的论证.

5.3.2 不同边界条件下一维对流扩散方程的多尺度有限元计算

本小节针对一维对流扩散方程在不同边界, 如 Dirichlet, Neumann, Robin 混合条件下, 从理论分析、数值验证两个角度展现多尺度有限元法的正确和高效. 文献 [31—36] 进行了相关研究, 如刘铁钢等[32] 给出了求解对流扩散方程的一致四阶紧致格式. 江山等[33] 使用多尺度计算含小参数的对流扩散 Robin 边值问题, 对边界导数项构造特殊基函数, 得到了一致收敛的精确模拟. 谢峰等[35] 研究了带有 Neumann 边界条件反应扩散方程周期解的存在性和渐近稳定性.

考虑一维对流扩散方程

$$\begin{cases} Lu := -\varepsilon u''(x) + b(x)u'(x) + c(x)u(x) = f(x), & \text{在 } I = (0,1), \\ k_1 u(0) + k_2 u'(1) = u^L, & k_3 u(0) + k_4 u'(1) = u^R, \end{cases} \tag{5.3.7}$$

其中 $0 < \varepsilon \ll 1$ 是摄动小参数, $b(x), c(x), f(x)$ 是光滑函数, 且

$$b(x) \geqslant 2\beta > 0, \quad c(x) \geqslant 0, \quad c(x) - \frac{1}{2}b'(x) \geqslant c_0 > 0.$$

u^L, u^R 为一维问题的左右边界, 依系数 k_1, k_2, k_3, k_4 取零或非零, 边界条件具体转化为 Dirichlet, Neumann, Robin 条件.

由 5.1.1 小节可知, 若对解多尺度分解为两部分, 即

$$u(x) = v(x) + w(x), \tag{5.3.8}$$

则各部分尺度光滑性有不同刻画, 其 k 阶导数分别有

$$\left| v^{(k)}(x) \right| \leqslant C, \quad \left| w^{(k)}(x) \right| \leqslant C\varepsilon^{-k} \cdot (e^{-\frac{\beta x}{\varepsilon}} + e^{-\frac{\beta(1-x)}{\varepsilon}}). \tag{5.3.9}$$

此一维问题对应的变分形式为: 分别寻求式 (5.2.4) 中 $u_g \in V^h$, (5.3.4) 中 $u_h \in U^h$, 其左端双线性形式、右端内积定义为

$$a(u,v) = \int_0^1 (\varepsilon u'v' + bu'v + cuv)\mathrm{d}x,$$

$$(f, v) = \int_0^1 f v \mathrm{d}x.$$

原问题 (5.3.7) 对应的子问题, 在粗单元 K 用有限元法求解多尺度基函数,

$$\begin{cases} L\varphi_i := -\varepsilon\varphi_i''(x) + b(x)\varphi_i'(x) + c(x)\varphi_i(x) = 0, & \text{在 } K, \\ \varphi_i(x_j) = \delta_{ij}, & \text{在 } \partial K. \end{cases} \tag{5.3.10}$$

其边界条件定义为 Kronecker δ_{ij}, 当 $i = j$ 时 $\varphi_i(x_j) = 1$, 当 $i \neq j$ 时 $\varphi_i(x_j) = 0$, 且呈线性变化. 因为子问题 (5.3.10) 与原问题 (5.3.7) 基于相同的微分算子 L, 通过求解多尺度基 φ_i, 能够有效地获得粗单元 K 的微观摄动信息, 进而在宏观尺度进行组装与计算.

用经典有限元法、多尺度有限元法处理一维对流扩散方程, 为了更好地捕捉小参数 ε 导致的边界层现象, 在网格生成时再用一致 (uniform) 网格显然是不合适的. 应当结合先验估计, 由过渡点 τ 的位置来选择非一致网格的生成方式, 具体内容参见 1.1 节自适应网格.

在接下来的算例中, 用 FEM 简记经典有限元法, MsFEM 简记多尺度有限元法, (U) 表示 Uniform 网格, (S) 表示 Shishkin 网格, (B) 表示 Bakhvalov 网格, (G) 表示 Graded 网格 (有式 (1.1.12) 等级、式 (1.1.14) 分层两种), 从而展现在几类边界条件、各种网格剖分的多尺度有限元法计算优势.

通过 L^∞, L^2, H^1 和能量范数来度量数值方法的误差,

$$\|u - u_{\mathrm{approx}}\|_{L^\infty} = \max_I |u - u_{\mathrm{approx}}|, \tag{5.3.11}$$

$$\|u - u_{\mathrm{approx}}\|_{L^2} = \left(\int_\Omega (u - u_{\mathrm{approx}})^2 \mathrm{d}x \right)^{\frac{1}{2}}, \tag{5.3.12}$$

$$\|u - u_{\mathrm{approx}}\|_{H^1} = \left(\|u - u_{\mathrm{approx}}\|_{L^2}^2 + \|u' - u_{\mathrm{approx}}'\|_{L^2}^2 \right)^{\frac{1}{2}}, \tag{5.3.13}$$

$$\|u - u_{\mathrm{approx}}\|_{\mathrm{energy}} = \left(\|u - u_{\mathrm{approx}}\|_{L^2}^2 + \varepsilon \|u - u_{\mathrm{approx}}\|_{H^1}^2 \right)^{\frac{1}{2}}, \tag{5.3.14}$$

其中 u_{approx} 是近似的经典有限元解 u_g, 或多尺度有限元解 u_h.

例 5.3.1 考虑模型 (5.3.7), 取系数 $b(x) = 1$, $c(x) = x$, 真解为

$$u(x) = \frac{\mathrm{e}^{\frac{x-1}{\varepsilon}} - \mathrm{e}^{-\frac{1}{\varepsilon}}}{1 - \mathrm{e}^{-\frac{1}{\varepsilon}}} + x^2,$$

则其 Dirichlet 边界条件为 $u(0) = u^L = 0$, $u(1) = u^R = 2$, 且右端 $f(x) = 2x - 2\varepsilon + xu$. 我们知道, 当摄动系数 ε 非常小时, 在区间右端 $x = 1$ 附近会出现边界层现象. 如图 5.7 所示.

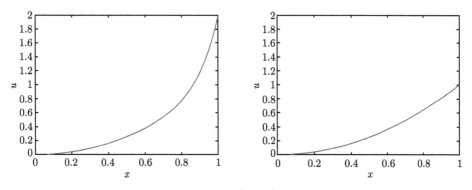

图 5.7 例 5.3.1 当 $\varepsilon = 10^{-1}, 10^{-4}$ 时分别对应的真解

从图 5.8 和表 5.2 可以看出, 当 ε 较大时无边界层现象, 两数值方法在三种网格都能有效地逼近真解, 都有稳定收敛结果, 不过多尺度有限元法在较粗网格剖分 N 上即可得到经典有限元法在较密网格剖分 NM 上相似的数量级精度, 该规律拓展到高维情形更凸显计算优势. 需要说明的是, 此例中 Graded 等级网格 (G) 采用式 (1.1.13), 其剖分数是预先给定的, 通过偶数倍加密来生成网格.

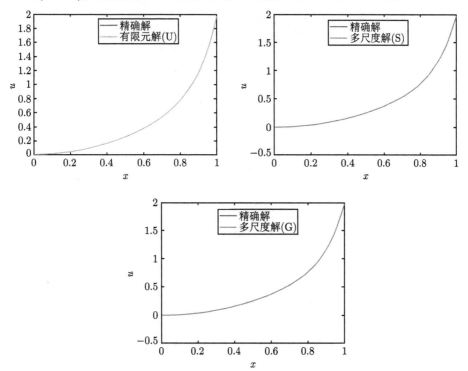

图 5.8 例 5.3.1 当 $\varepsilon = 10^{-1}$ 时真解与数值解 FEM(U) 在 2048 网格, 以及 MsFEM(S) 和 MsFEM(G) 都在 512 网格的对比图

表 5.2　例 5.3.1 当 $\varepsilon = 10^{-1}$ 时经典有限元法、多尺度有限元法分别在一致 Uniform, Shishkin, Graded 网格对应的 L^2 范数误差

NM	FEM(U)	FEM(S)	FEM(G)	N	MsFEM(U)	MsFEM(S)	MsFEM(G)
16	3.726e−3	9.257e−4	6.710e−4	4	4.854e−3	2.110e−2	1.192e−2
32	9.544e−4	4.505e−4	1.964e−4	8	1.781e−3	1.620e−3	5.095e−4
64	2.401e−4	1.694e−4	5.182e−5	16	4.825e−4	2.093e−5	1.012e−4
128	6.011e−5	5.695e−5	1.278e−5	32	1.231e−4	4.342e−5	6.417e−5
256	1.503e−5	1.799e−5	2.979e−6	64	3.096e−5	2.041e−5	2.280e−5
512	3.759e−6	5.460e−6	6.508e−7	128	7.754e−6	7.309e−6	6.094e−6
1024	9.397e−7	1.612e−6	1.269e−7	256	1.940e−6	2.324e−6	1.152e−6
2048	2.349e−7	4.658e−7	1.770e−8	512	4.851e−7	6.816e−7	4.600e−8

　　从图 5.9 和表 5.3 可知, 当 ε 较小时会出现边界层现象, 经典有限元法在非常密的网格上才有较好精度, 且由图看出即使在 $NM = 2048$ 剖分时其数值解在右端边界层也有明显扰动. 相较而言, 多尺度有限元法在 Graded 等级较粗网格上既有较好精度且保持稳定收敛, 图在 $N = 512$ 也完美模拟了右端边界层.

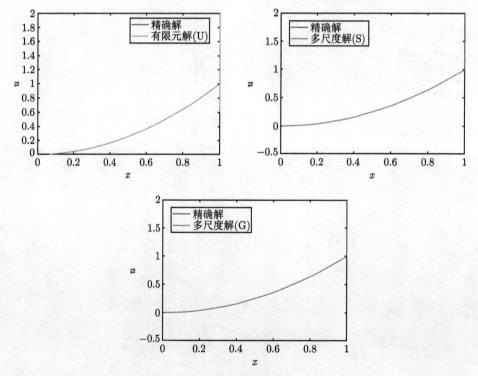

图 5.9　例 5.3.1 当 $\varepsilon = 10^{-4}$ 时真解与数值 FEM(U) 在 2048 网格, 以及 MsFEM(S) 和 MsFEM(G) 都在 512 网格的对比图

表 5.3 例 5.3.1 当 $\varepsilon = 10^{-4}$ 时经典有限元法、多尺度有限元法分别在一致 Uniform, Shishkin, Graded 网格对应的 L^2 范数误差

NM	FEM(U)	FEM(S)	FEM(G)	N	MsFEM(U)	MsFEM(S)	MsFEM(G)
32	3.664e−1	9.635e−3	4.972e−3	8	4.244e+0	8.386e−2	1.775e−1
64	1.953e−2	3.727e−3	1.955e−3	16	5.395e−1	1.120e−1	2.067e−2
128	1.452e−2	5.803e−4	3.135e−4	32	1.151e−1	2.136e−1	6.518e−2
256	1.466e−3	1.165e−5	8.570e−6	64	3.401e−2	3.941e−2	7.923e−3
512	8.510e−4	3.061e−6	1.876e−6	128	7.975e−3	3.976e−3	1.106e−3
1024	7.293e−4	9.281e−7	1.911e−6	256	1.757e−3	6.768e−4	4.505e−4
2048	3.463e−4	2.723e−7	2.089e−5	512	4.987e−4	1.705e−4	1.316e−4
4096	1.179e−4	7.806e−8	6.963e−6	1024	2.320e−4	5.809e−5	4.359e−5

例 5.3.2 考虑模型 (5.3.7), 取系数 $b(x) = -1$, $c(x) = 1$, 真解为

$$u(x) = \frac{\mathrm{e}^{m_1 x} - \mathrm{e}^{m_2 x}}{(1+m_1)\mathrm{e}^{m_1} - (1+m_2)\mathrm{e}^{m_2}},$$

其中 $m_1 = \dfrac{-1+\sqrt{1+4\varepsilon}}{2\varepsilon}$, $m_2 = \dfrac{-1-\sqrt{1+4\varepsilon}}{2\varepsilon}$. 设 Robin 边界条件为 $u(0) = u^L = 0$, $u(1) + u'(1) = u^R = 1$, 且右端 $f(x) = 0$. 对于该真解, 当摄动系数 ε 非常小时, 在左端 $x = 0$ 附近有边界层, 如图 5.10 所示接下来只列出小参数时出现奇异摄动的结果分析.

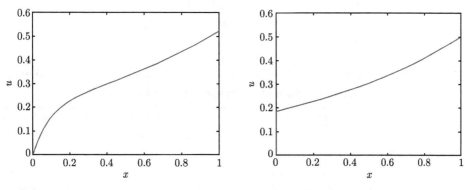

图 5.10 例 5.3.2 当 $\varepsilon = 10^{-1}, 10^{-4}$ 时分别对应的真解

该算例着重展现多尺度有限元法在 Bakhvalov 网格的模拟优势, 我们已知, 经典有限元法在一致网格精度不佳, 即便在 $NM = 2048$ 细网格剖分也无法捕捉左端边界层. 从图 5.11 和表 5.4 可以看出, 多尺度方法在较粗 Bakhvalov 网格上计

算, 就已经有了类比于有限元法在较细 Bakhvalov 网格的计算精度, 很好地捕捉了边界层, 且对 H^1 范数有稳定的一阶收敛率, 这与数学理论相符.

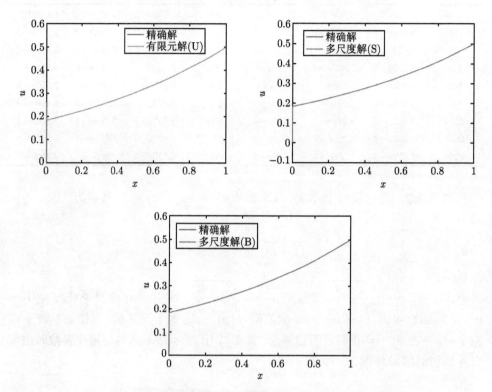

图 5.11　例 5.3.2 当 $\varepsilon = 10^{-4}$ 时真解与数值解 FEM(U) 在 2048 网格, 以及 MsFEM(S) 和 MsFEM(B) 都在 512 网格的对比图

表 5.4　例 5.3.2 当 $\varepsilon = 10^{-4}$ 时经典有限元法、多尺度有限元法分别在一致 Uniform, Shishkin, Bakhvalov 网格对应的 H^1 范数误差

NM	FEM(U)	FEM(S)	FEM(B)	N	MsFEM(U)	MsFEM(S)	MsFEM(B)
16	1.793e−1	4.989e−2	6.804e−3	4	1.863e−1	4.287e−2	3.193e−2
32	2.394e−1	4.038e−2	3.348e−3	8	1.224e−1	1.919e−2	1.568e−2
64	1.679e−1	2.736e−2	1.736e−3	16	4.634e−2	8.465e−3	7.842e−3
128	3.439e−2	7.935e−3	9.475e−4	32	1.792e−2	3.800e−3	3.978e−3
256	4.425e−3	5.554e−4	4.905e−4	64	5.399e−3	2.041e−3	2.059e−3
512	1.178e−3	2.531e−4	2.451e−4	128	1.661e−3	1.064e−3	1.101e−3
1024	3.215e−4	1.268e−4	1.225e−4	256	5.623e−4	5.746e−4	6.291e−4
2048	9.120e−5	6.350e−5	6.125e−5	512	2.116e−4	3.332e−4	4.017e−4
4096	2.875e−5	3.180e−5	3.062e−5	1024	8.894e−5	2.166e−4	2.967e−4

接下来考虑一个无真解的例子, 这种情况在实际科学计算中经常出现, 通常可将非常密网格上的数值解当作参考解.

例 5.3.3 针对模型 (5.3.7), 取多尺度周期性系数

$$b(x) = \left(\frac{1.8 + \sin\left(\dfrac{2\pi x}{\varepsilon_1}\right)}{1.8 + \cos\left(\dfrac{2\pi x}{\varepsilon_2}\right)} + \frac{1.8 + \cos\left(\dfrac{2\pi x}{\varepsilon_3}\right)}{1.8 + \sin\left(\dfrac{2\pi x}{\varepsilon_4}\right)} \right),$$

$$c(x) = \left(\frac{1.2 + \cos\left(\dfrac{2\pi x}{\varepsilon_4}\right)}{1.2 + \sin\left(\dfrac{2\pi x}{\varepsilon_3}\right)} + \frac{1.2 + \sin\left(\dfrac{2\pi x}{\varepsilon_2}\right)}{1.2 + \cos\left(\dfrac{2\pi x}{\varepsilon_1}\right)} \right),$$

其中 $\varepsilon = 0.1$, $\varepsilon_1 = 1/3$, $\varepsilon_2 = 1/9$, $\varepsilon_3 = 1/99$, $\varepsilon_4 = 1/200$, 系数如图 5.12 所示, 且右端 $f(x) = 1$, Dirichlet 边界条件为 $u^L = u^R = 0$.

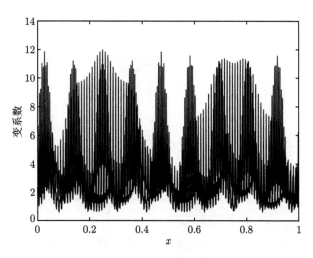

图 5.12 例 5.3.3 的强振荡变系数

从表 5.5 和图 5.13 可知, 问题因强振荡变系数的存在, 导致真解也有多尺度强振荡性. 随着网格剖分的加倍密化, 多尺度有限元法求得的 L^2 范数值越来越接近于真值, 且呈现不依赖于摄动系数大小的一致收敛, 数值解图像也越来越拟合于真解. 有意思的是, 表 5.5 中取的是细单元剖分数 $M = 8$; 若取 $M = 1$ 且 $N = 8192$, 则多尺度有限元格式退化为经典有限元格式, 此时可求得与经典有限元法在非常密网格剖分上完全一样的参考解.

表 5.5　例 5.3.3 多尺度有限元解的 L^2 范数与绝对误差

N	M	L^2 范数	绝对误差
32	8	0.1165	2.470e−2
64	8	0.1290	1.219e−2
128	8	0.1284	1.278e−2
256	8	0.1348	6.410e−3
512	8	0.1353	5.881e−3
1024	8	0.1365	4.684e−3

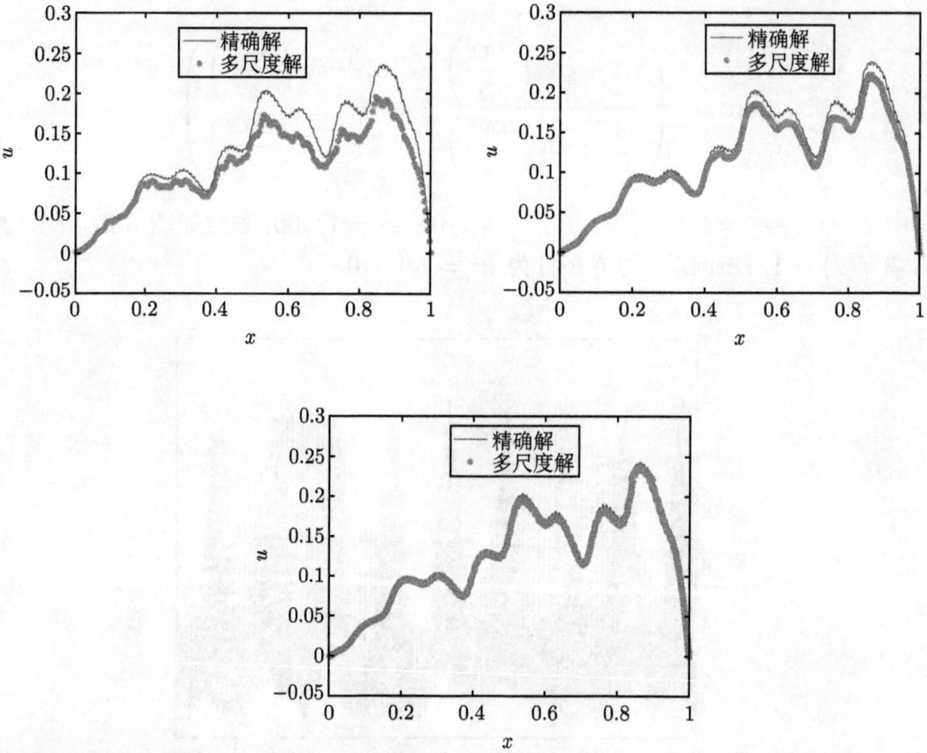

图 5.13　例 5.3.3 的参考解与多尺度有限元解 (分别在 $N = 32, 128, 1024$ 网格)

5.3.3　基于自适应分层网格的多尺度有限元计算

针对奇异摄动问题的边界层或内部层, 已有文献 [37, 38] 应用有限元法结合 Graded(有等级、分层两种) 网格来处理. 江山等[39] 应用计算效率更高的多尺度有限元法, 结合自适应分层网格求解对流扩散问题获得了很好的数值模拟, 并在文中给出了误差分析与高阶收敛结果.

自适应分层网格的一大优点是无须事先给定网格剖分数, 而是根据摄动系数 ε 的大小, 由迭代算法得到节点分布, 自适应地捕捉边界层或内部层的局部信息.

若解的边界层现象出现在区间的两端, 有别于第 1 章中仅在一端加密网格的方式, 这里再给出两端加密的迭代格式.

$$x_i = \begin{cases} 0, & i = 0, \\ \sigma h \varepsilon, & i = 1, \\ (1 + \sigma h) x_{i-1}, & 2 \leqslant i \leqslant N_0 - 1, \\ 0.5, & i = N_0, \\ 1 - (1 + \sigma h)(1 - x_{i+1}), & N_0 + 1 \leqslant i \leqslant N - 2, \\ 1 - \sigma h \varepsilon, & i = N - 1, \\ 1, & i = N, \end{cases} \qquad (5.3.15)$$

其中 N_0 是由单侧格式 (1.1.14) 得到的原 N, 而此处 N 则为最终的网格剖分数. 这样, 由式 (5.3.15) 可得拟对称分布的网格, 从而非常适合捕获区间两端的边界层.

例 5.3.4 考虑模型 (5.3.7), 取系数 $b(x) = 1$, $c(x) = 1 + \varepsilon$, 真解

$$u(x) = \mathrm{e}^{-x} + \mathrm{e}^{\frac{(1+\varepsilon)(x-1)}{\varepsilon}},$$

其 Dirichlet 边界为 $u(0) = u^L = 1 + \mathrm{e}^{-\frac{1+\varepsilon}{\varepsilon}}$, $u(1) = u^R = 1 + \mathrm{e}^{-1}$, 且右端 $f(x) = 0$. 摄动系数 ε 很小导致的边界层可能出现在区间两端, 接下来使用两端细化剖分的 Graded(G) 分层 (5.3.15) 来生成网格, 由迭代算法自适应产生可奇可偶的剖分数及其对应分布.

当 $\varepsilon = 2^{-30}$ 非常小时, 从图 5.14 的解、图 5.15 的误差看出, 经典有限元解在 Uniform 一致网格误差非常大, 完全无法模拟边界层; 在 Shishkin 网格、Bakhvalov 网格能有效捕捉边界层, 但所需的节点数较多, 才能得到有一定精度的数值结果. 相比起来, 多尺度有限元解在 Graded 分层较粗网格 $N = 106$ 即能非常完美地模拟边界层, 误差轴的上限仅为 4.5×10^{-4}. 为更清晰地体现收敛阶趋势, 表 5.6 列出两种数值方法在三类 Shishkin, Bakhvalov, Graded 网格剖分下的能量范数计算结果, 在 Shishkin 网格下不足 2 阶收敛率, 在 Bakhvalov 网格下可有 2 阶收敛率, 且精度高于前者, 但经典有限元法需在非常密剖分数 $NM = 20480$ 下才能得到 10^{-9} 精度. 与之形成对比的是, 多尺度有限元法在较粗剖分数 $N = 6416$ 即达 10^{-9} 精度, 横向比较也是三者中精度最优的, 且有高于 2 阶的能量范数收敛率, 其自适应 Graded 分层网格生成函数对实现高阶收敛起到了积极贡献, 与之相关的理论证明可见 [39].

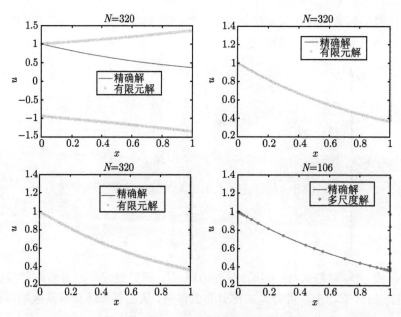

图 5.14　例 5.3.4 当 $\varepsilon = 2^{-30}$ 时, 真解与 FEM 解、MsFEM 解在各种网格的对比图, 从上至下、从左至右依次为一致网格、Shishkin 网格、Bakhvalov 网格、Graded 网格

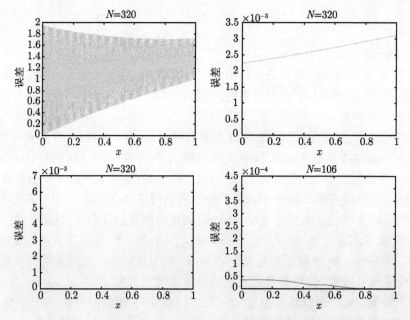

图 5.15　例 5.3.4 当 $\varepsilon = 2^{-30}$ 时, FEM 解、MsFEM 解在各种网格的误差对比图, 从上至下、从左至右依次为一致网格、Shishkin 网格、Bakhvalov 网格、Graded 网格

表 5.6 例 5.3.4 当 $\varepsilon = 2^{-30}$ 时经典有限元法、多尺度有限元法分别在 Shishkin, Bakhvalov, Graded 网格对应的能量范数误差及收敛阶

NM	FEM(S)	order	FEM(B)	order	N	MsFEM(G)	order
320	1.069e−4	—	2.086e−5	—	106	2.200e−5	—
640	5.215e−5	1.04	5.567e−6	1.91	196	5.781e−6	1.93
1280	2.479e−5	1.07	1.486e−6	1.91	380	1.376e−6	2.07
2560	1.161e−5	1.09	3.962e−7	1.91	758	3.111e−7	2.15
5120	5.337e−6	1.12	1.052e−7	1.91	1534	6.949e−8	2.16
10240	2.320e−6	1.20	2.786e−8	1.92	3132	1.560e−8	2.16
20480	8.097e−7	1.52	7.173e−9	1.96	6416	3.543e−9	2.14

5.3.4 二维反应扩散方程的 Petrov-Galerkin 多尺度有限元计算

面向二维奇异摄动问题的数值解法, 文献 [40—46] 已有相关成果. 陈龙、许进超等[40] 研究了二维对流占优方程的自适应有限元应用. 宋飞、邓卫兵、武海军[43] 针对奇异性的多尺度椭圆方程提出一种改良混合方案, 实现了自由度适中, 且在计算精度和计算代价之间取得合理平衡. 文献 [46] 基于后验误差估计, 提出了高阶有限元的有效逼近, 但在二维情形会有更大的计算消耗.

考虑二维反应扩散方程

$$\begin{cases} Lu := -\varepsilon \Delta u + \sigma u = f(x), & \text{在 } \Omega = (0,1) \times (0,1), \\ u = g(x), & \text{在 } \partial\Omega, \end{cases} \quad (5.3.16)$$

其中 $0 < \varepsilon \ll 1$ 是摄动小参数, σ, f 是光滑系数与右端, u 为原问题的解, g 是区域边界 $\partial\Omega$ 的边界条件, x 为二维 (x, y) 空间变量.

此二维问题对应的变分形式为: 分别寻求式 (5.3.2) 中 $u_g \in V^h$, (5.3.4) 中 $u_h \in U^h$, 其左端双线性形式、右端内积定义为

$$a(u, v) = \int_\Omega (\varepsilon \nabla u \cdot \nabla v + \sigma u v) \mathrm{d}x,$$

$$(f, v) = \int_\Omega f v \mathrm{d}x.$$

原问题 (5.3.16) 对应的子问题, 基于微分算子 L 用有限元格式求解多尺度基函数 φ_i,

$$\begin{cases} L\varphi_i := -\varepsilon \Delta \varphi_i + \sigma \varphi_i = 0, & \text{在 } K \in \kappa^H, \\ \varphi_i = l_i, & \text{在 } \partial K, \end{cases} \quad (5.3.17)$$

在二维区域 Ω 的离散化剖分 κ^H 每个粗单元 K 独立进行, 还可引入并行计算. 为确保子问题 (5.3.17) 的适定性, 对单元边界 ∂K 限定线性条件 l_i. 与一维情形相似, 但又有区别, 除了在节点本身满足 Kronecker δ_{ij} 条件外, 即当 $i = j$ 时

$\varphi_i(x_j) = 1$, 当 $i \neq j$ 时 $\varphi_i(x_j) = 0$; 二维单元边界 ∂K 的上下左右四边, 分别从 1 到 0 为线性变化. 以矩形元左下角基函数 φ_1 的边界 l_1 为例, 定义

$$l_1(x, y) = \begin{cases} (x_2 - x)/(x_2 - x_1), & \text{在 } [x_1, x_2], \\ (y_4 - y)/(y_4 - y_1), & \text{在 } [y_1, y_4], \end{cases}$$

在另外两边 $[x_4, x_3], [y_2, y_3]$ 使得 $l_1 = 0$. 类似地, 逆时针顺序定义右下角基函数 φ_2、右上角基函数 φ_3、左上角基函数 φ_4 的对应边界 $l_i (i = 2, 3, 4)$.

　　而无论限定何种单元边界条件, 本质上不影响内部节点对应的多尺度基函数 φ_i 呈现子问题具体的微观信息. 当然, 针对不同模型方程, 引入有实际背景的单元边界, 往往能带来更好的离散基函数微观模拟, 从而最终形成更高效的多尺度有限元宏观模拟.

　　子问题 (5.3.17) 可取剖分数 $M = 4, 8$ 或其他偶数, 通过明智地选择合适的 M, 能在数值精度和数值效率之间取到良好平衡. 于是, 应用多尺度有限元法取粗剖分数 N 时, 对应的经典有限元法是在细剖分数 NM 上计算. 需要强调的是, 在二维情形 $(d = 2)$ 相较一维情形 $(d = 1)$ 更能节约计算资源, 因经典有限元法需要的存储与计算规模是 $O(N^2 M^2)$, 而多尺度有限元法仅需 $O(N^2 + M^2)$; 在三维情形多尺度方法的 $O(N^3 + M^3)$ 优势益发明显, 此情形对应的有限元法运算规模往往难以承受.

　　例 5.3.5　考虑模型 (5.3.16), 取系数 $\sigma = 1$, 真解

$$u = xy(1 - e^{\frac{x-1}{\varepsilon}})(1 - e^{\frac{y-1}{\varepsilon}}),$$

可知右端

$$f = \left(2y + \frac{xy}{\varepsilon}\right) \cdot e^{\frac{x-1}{\varepsilon}}(1 - e^{\frac{y-1}{\varepsilon}}) + \left(2x + \frac{xy}{\varepsilon}\right) \cdot (1 - e^{\frac{x-1}{\varepsilon}})e^{\frac{y-1}{\varepsilon}} + u.$$

我们知道, 当摄动系数 ε 很小时, 边界层出现在右边界 $x = 1$ 与上边界 $y = 1$.

　　由图 5.16、图 5.17 看出, 当 $\varepsilon = 10^{-2}$ 较大时, 各方法的数值解误差都较小, 而多尺度有限元解在 Graded 等级网格误差上限仅为 8×10^{-4}, 是其中最好的; 对比更显著的是当 $\varepsilon = 10^{-6}$ 很小时, 出现边界层时, 一致网格上的多尺度解误差上限为 0.8, 而在 Graded 等级网格上限仅为 0.02, 多尺度有限元解误差无论在范围上, 还是在高度上都表现最佳. 表 5.7 列出两类方法随剖分数加密而算得的 L^2 范数、能量范数及其收敛阶, 经典有限元法在细网格 $(NM)^2$ 进行运算, 此二维问题在单机上 $(2048)^2$ 已无法执行; 相应地, 与同一行上的多尺度有限元法进行对比, 子问题取 $M = 4$, 它在粗网格 N^2 上运算, 得到了与理论分析相符、不依赖于 ε 大小的 2 阶 L^2 范数、1 阶能量范数的一致收敛结果.

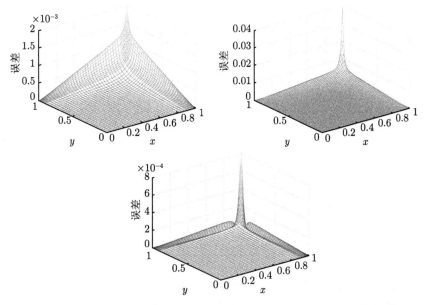

图 5.16 例 5.3.5 当 $\varepsilon = 10^{-2}$ 时, FEM(G) 解在 $NM = 64$, 以及 MsFEM(U) 解、MsFEM(G) 解在 $N = 64$ 的误差对比图

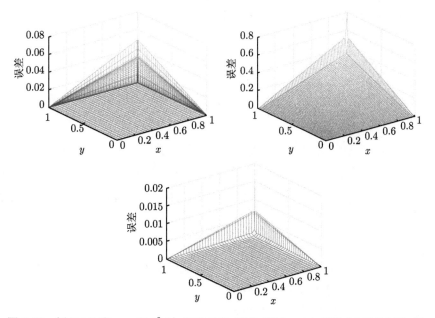

图 5.17 例 5.3.5 当 $\varepsilon = 10^{-6}$ 时, FEM(G) 解在 $NM = 64$, 以及 MsFEM(U) 解、MsFEM(G) 解在 $N = 64$ 的误差对比图

表 5.7 **例 5.3.5 当 $\varepsilon = 10^{-6}$ 时经典有限元法、多尺度有限元法在 Uniform、Graded 网格对应解误差的 L^2 范数、能量范数及收敛阶**

L^2 范数							
NM	FEM(G)	order	N	MsFEM(U)	order	MsFEM(G)	order
128	3.497e-3	—	32	1.993e-1	—	1.098e-2	—
256	8.708e-4	2.01	64	1.334e-1	0.58	1.759e-3	2.64
512	2.177e-4	2.00	128	5.826e-2	1.20	4.306e-4	2.03
1024	5.448e-5	2.00	256	1.694e-2	1.78	1.079e-4	2.00
2048	—	—	512	5.027e-3	1.75	2.722e-5	1.99
能量范数							
NM	FEM(G)	order	N	MsFEM(U)	order	MsFEM(G)	order
128	9.922e-2	—	32	3.850e-1	—	1.380e-1	—
256	4.933e-2	1.01	64	3.148e-1	0.29	6.284e-2	1.13
512	2.460e-2	1.00	128	2.072e-1	0.60	3.023e-2	1.06
1024	1.230e-2	1.00	256	1.113e-1	0.90	1.498e-2	1.01
2048	—	—	512	5.508e-2	1.01	7.463e-3	1.01

上述的理论与算例是在试探函数与检验函数取自相同的 Galerkin 多尺度格式进行分析, 即 u, v 都属于同一多尺度泛函空间 U^h. 继而考虑, 构建不一样的试探函数空间与检验函数空间, 即 Petrov-Galerkin 多尺度格式, 从而提供更丰富的基函数嵌入选择和计算节约, 并能自动消除多尺度共振误差的不良影响[44].

在子问题 (5.3.17) 算得基函数 φ_i 基础上, 将其作用于拉普拉斯算子 Δ 作为右端, 而左端依旧基于微分算子 L 构造新的子问题如下:

$$\begin{cases} L\phi_i := -\varepsilon\Delta\phi_i + \sigma\phi_i = \Delta\varphi_i, & \text{在 } K \in \kappa^H, \\ \phi_i = l_i, & \text{在 } \partial K, \end{cases} \tag{5.3.18}$$

用有限元法在细剖分数 M 下求解多尺度基函数 ϕ_i. 两组多尺度基函数各自张成泛函空间

$$U^h = \text{span}\{\varphi_i, \ \forall K \in \kappa^H\}, \tag{5.3.19}$$

$$V_{\text{PG}}^h = \text{span}\{\phi_i, \ \forall K \in \kappa^H\}. \tag{5.3.20}$$

于是不同于 Galerkin 多尺度格式 (5.3.4), 此处 Petrov-Galerkin 多尺度格式就是寻求 $u_h \in U^h$ 满足

$$a(u_h, v) = (f, v), \quad \forall v \in V_{\text{PG}}^h, \tag{5.3.21}$$

u_h 即为 PG-多尺度有限元解. 独立构造各自泛函空间的这种方式, 为嵌入多尺度基函数的多样性提供了更多优化选择.

例 5.3.6 考虑模型 (5.3.16), 取系数 $\sigma = 2$, 真解

$$u = 2 + (1 - \mathrm{e}^{-\frac{x}{\varepsilon}})(\mathrm{e}^{\frac{x-1}{\varepsilon}} - 1) + (1 - \mathrm{e}^{-\frac{y}{\varepsilon}})(\mathrm{e}^{\frac{y-1}{\varepsilon}} - 1),$$

可知右端

$$f = -\frac{1}{\varepsilon}(e^{-\frac{x}{\varepsilon}} + e^{\frac{x-1}{\varepsilon}} + e^{-\frac{y}{\varepsilon}} + e^{\frac{y-1}{\varepsilon}}) + 2u.$$

图 5.18 画出真解的三维图示, 上端是二维等势线, 当摄动系数 ε 很小时, 边界层出现在上下左右四条边界.

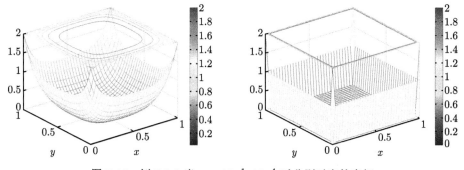

图 5.18　例 5.3.6 当 $\varepsilon = 10^{-1}, 10^{-4}$ 时分别对应的真解

图 5.19 给出 $\varepsilon = 10^{-1}$ 的误差分布图, 图 5.20 对比给出 $\varepsilon = 10^{-4}$ 边界层出现时的误差分布图, 而其中 Petrov-Galerkin 多尺度有限元解在 Graded 等级网格误差上限仅为 2×10^{-3}, 依然是表现最优的数值模拟.

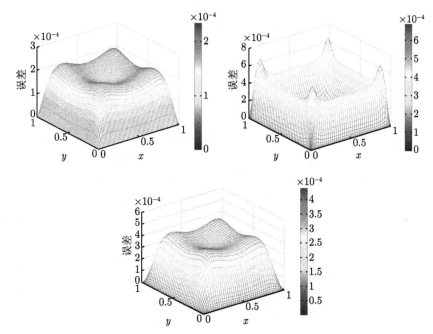

图 5.19　例 5.3.6 当 $\varepsilon = 10^{-1}$ 时, FEM(U) 解、FEM(G) 解、PG-MsFEM(G) 解的
误差对比图

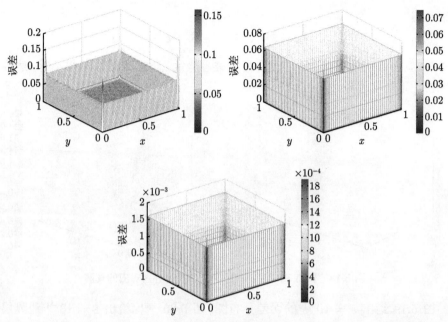

图 5.20　例 5.3.6 当 $\varepsilon = 10^{-4}$ 时, FEM(U) 解、FEM(G) 解、PG-MsFEM(G) 解的
误差对比图

从表 5.8、图 5.21、图 5.22 观察各数值方法随剖分数加密求得的 L^{∞} 范数、L^2 范数、能量范数、收敛阶及其趋势, 发现: $\varepsilon = 10^{-1}$ 较大时各方法表现皆可, 区别不大; $\varepsilon = 10^{-4}$ 较小时, Petrov-Galerkin 多尺度有限元法求解子问题取 $M = 8$, 在

表 5.8　例 5.3.6 当 $\varepsilon = 10^{-4}$ 时经典有限元法、PG-多尺度有限元法在 Uniform, Graded 网格对应解误差的 L^{∞} 范数、能量范数及收敛阶

L^{∞} 范数							
NM	FEM(U)	order	FEM(G)	order	N	PG-MsFEM(G)	order
256	8.396e-1	—	4.062e-3	—	32	6.637e-3	—
512	9.834e-1	−0.23	1.013e-3	2.00	64	1.899e-3	1.81
1024	8.788e-1	0.16	2.526e-4	2.00	128	3.902e-4	2.28
2048	—		—		256	9.149e-5	2.09
4096	—		—		512	2.259e-5	2.02
能量范数							
NM	FEM(U)	order	FEM(G)	order	N	PG-MsFEM(G)	order
256	2.909e-1	—	1.338e-2	—	32	1.832e-2	—
512	4.255e-1	−0.55	6.028e-3	1.15	64	7.693e-3	1.25
1024	5.267e-1	−0.31	2.927e-3	1.04	128	3.547e-3	1.12
2048	—		—		256	1.744e-3	1.02
4096	—		—		512	8.688e-4	1.01

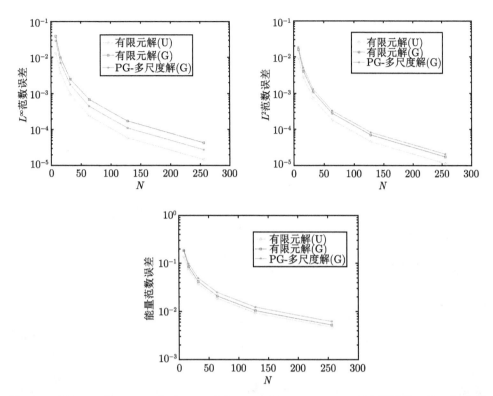

图 5.21 例 5.3.6 当 $\varepsilon = 10^{-1}$ 时, FEM(U), FEM(G), PG-MsFEM(G) 误差的 L^∞, L^2, 能量
范数收敛趋势

粗网格 N^2 即能得到经典有限元法在很细网格 $(NM)^2$ 可比拟的精度, 其存储节
约和计算效率更加凸显. 结合 Graded 等级网格, 不需要借助超样本技巧, PG-多
尺度有限元解自动消除了原本与摄动系数 ε 有关的尺度共振误差, 最终获得了不
依赖于参数大小的 2 阶 L^∞, L^2 范数和 1 阶能量范数的一致收敛优化模拟.

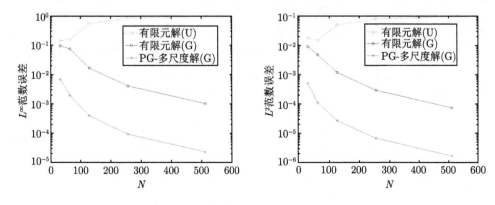

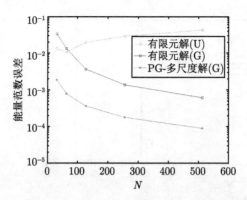

图 5.22　例 5.3.6 当 $\varepsilon = 10^{-4}$ 时, FEM(U), FEM(G), PG-MsFEM(G) 误差的 L^∞, L^2, 能量范数收敛趋势

5.3.5　二维对流扩散变系数方程的多尺度有限元计算

考虑二维对流扩散方程

$$\begin{cases} -\varepsilon\Delta u + \overrightarrow{b} \cdot \nabla u + cu = f, & \text{在 } \Omega = (0,1) \times (0,1), \\ u = g, & \text{在 } \partial\Omega, \end{cases} \tag{5.3.22}$$

Δ 是拉普拉斯算子, $\overrightarrow{b} = (b_1, b_2)^{\mathrm{T}}$ 是二维向量, 分量 b_i 与梯度算子 $\nabla = \left(\dfrac{\partial}{\partial x}, \dfrac{\partial}{\partial y}\right)^{\mathrm{T}}$ 作点积, $c(x,y)$, $f(x,y)$ 分别为变系数和右端, $g(x,y)$ 为区域边界 $\partial\Omega$ 的边界条件, $u(x,y)$ 为求解目标.

利用虚功原理, 可知原问题 (5.3.22) 的变分形式为寻求 $u \in H^1(\Omega)$, 使得

$$a(u,v) = (f,v), \quad \forall v \in H_0^1(\Omega), \tag{5.3.23}$$

其中双线性形式 $a(u,v) = \displaystyle\int_\Omega (\varepsilon\nabla u \cdot \nabla v + \overrightarrow{b} \cdot \nabla u \cdot v + cuv)\mathrm{d}x\mathrm{d}y$, 线性内积 (f,v) $= \displaystyle\int_\Omega fv\mathrm{d}x\mathrm{d}y$, H_0^1 是一阶可导且平方可积的齐次边界函数空间.

不同于传统有限元, 多尺度有限元在构造有限维空间时, 不再采用显式的多项式函数, 而是基于原问题同样的微分算子在粗单元计算非显式的多尺度基函数. 在每个粗网格单元 K 用有限元法求解对应的齐次子问题,

$$\begin{cases} -\varepsilon\Delta\phi_i + \overrightarrow{b} \cdot \nabla\phi_i + c\phi_i = 0, & \text{在 } K, \\ \phi_i = \theta_i, & \text{在 } \partial K, \end{cases} \tag{5.3.24}$$

θ_i 为单元边界上的线性边界条件. 可以看出对于原问题 (5.3.22), 有限元法是直接在非常密的二维网格上求解有限元解; 而对于子问题 (5.3.24), 多尺度有限元法是

间接通过有限元格式在很粗糙的二维网格上求解离散化的多尺度基函数, 其子单元剖分数取为 M.

记多尺度有限元空间为 $U^h = \text{span}\{\phi_i\}_{i=0}^n \subset H_0^1$, 则对应的变分形式寻求 $u_h \in U^h$, 使得

$$a(u_h, v) = (f, v), \quad \forall v \in U^h, \tag{5.3.25}$$

u_h 即为多尺度有限元解.

例 5.3.7 考虑模型 (5.3.22), 令 $\vec{b} = (-2, -2)^{\mathrm{T}}$, 变系数 $c = xy$, 真解来自文献 [47], 同为

$$u(x, y) = (1 - e^{-\frac{x}{\varepsilon}})(1 - e^{\frac{x-1}{\varepsilon}})(1 - e^{-\frac{y}{\varepsilon}})(1 - e^{\frac{y-1}{\varepsilon}}).$$

图 5.23 画出了上述真解当 $\varepsilon = 2^{-2}, 2^{-20}$ 时的图像. 观察当 ε 较大时真解光滑、无边界层现象; 而当 ε 较小时边界层出现在二维区域的上下左右四边界. 本文仅针对后者情形, 分别使用传统有限元法与多尺度有限元法求解其有效的数值解, 两种方法结合自适应的分层网格均有效模拟了 $\varepsilon = 2^{-20}$ 时的真解, 见图 5.24.

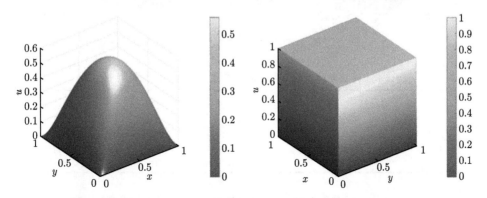

图 5.23 例 5.3.7 当 ε 取 2^{-2}, 2^{-20} 时的真解

为更清晰地展现方法的精确性与稳定性, 通过网格加密的趋势来观察相应方法的数值表现. 表格格式特意选取与文献 [48] 中的表格格式一致, 区别在于该文献处理的是一维问题, 故而行数可以更多, 且单方向剖分数会小些; 而此处研究的是二维问题, 因算力所限, 故而行数有限, 且两端边界层的剖分数会大些. 表 5.9 可知无论摄动参数的大小如何选取, Graded 分层网格由迭代公式 (5.3.15), 依据网格参数 h 的递减、摄动参数 ε 的大小, 自适应生成了两端疏密程度不同的分层网格用于离散化计算. 表中数据横向看其单方向剖分数 N、范数误差都有所微增, 纵向看其范数误差随 h 递减呈现稳定收敛. 然而表 5.9 是使用传统有限元法面向二维问题求解, 其较密网格剖分数 N_{FEM}^2 会带来很大的计算消耗, 继续剖分下去

超出单机的运行限定, 因而有一定的局限性. 而表 5.10 使用多尺度有限元法仅在较粗的分层网格剖分 N_{MsFEM}^2 上计算, 求子问题 (5.3.24) 时其单元单方向剖分取 $M = 4$, 对应每行的精度仅略逊于表 5.9, 然其突出优势是计算消耗更小, 计算时间更少, 继续剖分下去还能得到更精确的计算结果. 另外, 需要指出的是, 表 5.10 多尺度方法在剖分数比如 $N_{\mathrm{MsFEM}} = 214, 262$ 时, 比表 5.9 有限元法在剖分数比如 $N_{\mathrm{FEM}} = 232, 288$ 时精度全部更好. 当然此优化结果也是有计算代价的, 它需要在子问题求解多尺度基函数用以更好地刻画奇异摄动问题的边界层微观属性.

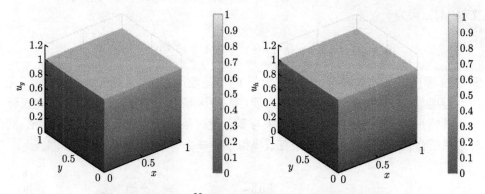

图 5.24　当 $\varepsilon = 2^{-20}$ 时, 传统有限元解与多尺度有限元解

表 5.9　传统有限元法针对不同参数在分层网格的能量范数误差

h	$\varepsilon = 2^{-16}$		$\varepsilon = 2^{-20}$	
	N_{FEM}	误差	N_{FEM}	误差
2^{-1}	232	1.661E-3	288	1.718E-3
2^{-2}	432	4.890E-4	536	5.111E-4
2^{-3}	856	1.366E-4	1048	1.438E-4

表 5.10　多尺度有限元法针对不同参数在分层网格的能量范数误差

h	$\varepsilon = 2^{-16}$		$\varepsilon = 2^{-20}$	
	N_{MsFEM}	误差	N_{MsFEM}	误差
2^{-1}	58	2.730E-2	72	2.622E-2
2^{-2}	108	5.377E-3	134	5.478E-3
2^{-3}	214	1.002E-3	262	1.041E-3

图 5.25 对应表 5.9 第一行、表 5.10 第三行给出 $\varepsilon = 2^{-20}$ 时, 两种数值方法在大致相当的剖分数 $N_{\mathrm{FEM}}^2 = 288^2$、$N_{\mathrm{MsFEM}}^2 = 262^2$ 对应误差的直观比较. 可以验证, 传统有限元法与多尺度有限元法结合分层网格都有效地减少了靠近 x 轴、y 轴、$x = 1$、$y = 1$ 的四边边界层, 且后者在全局范围误差实现了整体消磨, 边界层误差不如前者明显, 但在中部也表现出一定的振荡行为.

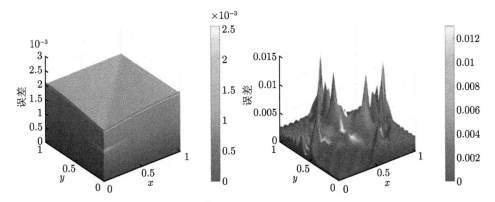

图 5.25 当当 $\varepsilon = 2^{-20}$ 时, 传统有限元法于 $N_{\text{FEM}} = 288$ 的误差, 多尺度有限元法于

$N_{\text{MsFEM}} = 262$ 的误差

在上述数值精度与稳定性分析的基础上, 再考虑两种数值方法所需的运行时间和效率分析. 表 5.11 列出当 $\varepsilon = 2^{-20}$ 时, 在台式机器 Intel Core i9 CPU 3.7GHz 运行相应程序统计的时间, 可见在很密二维网格上传统有限元法消耗的运算时间是同一行上较粗二维网格多尺度有限元法时间的近十倍, 其计算效率显然是后者多尺度方法更有优势. 进一步地, 图 5.26 提供了摄动参数分别取 2^{-16} 与 2^{-20} 时

表 5.11 当 $\varepsilon = 2^{-20}$ 时, 传统有限元法与多尺度有限元法的各自运行时间 (单位: 秒)

N_{FEM}^2	FEM(G)	N_{MsFEM}^2	MsFEM(G)
288^2	106	72^2	20
536^2	1349	134^2	167
1048^2	20091	262^2	2030

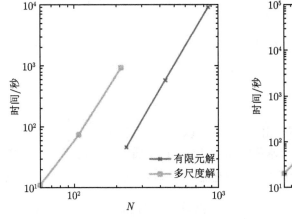
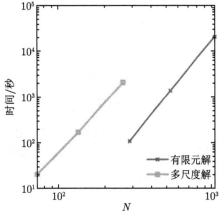

图 5.26 ε 分别取 2^{-16}、2^{-20} 时, 两种方法的剖分数 N 与运行时间的 ln-ln 图示

相应方法的运行时间, 再次证实了多尺度有限元法的计算代价更小、计算效率更高. 综上所述, 新的多尺度有限元法仅在较粗分层网格上进行计算, 消耗计算资源较少的同时, 还能保证稳定收敛的有效精度, 因而在高维奇异摄动问题求解中具有更广阔的应用前景.

5.4 微分求积法

5.4.1 微分求积法的原理

微分求积法本质上是一种拟谱方法或配点法, 即用整个计算区域上所有节点处的函数值的加权和来逼近函数在各节点处的导数值.

考虑函数 $f(x), x \in [a,b]$, 设配置点为 $a = x_0 < x_1 < \cdots < x_N = b$. 函数 $f(x)$ 在配置点 x_j 处的 n 阶导数可以由下式逼近:

$$f^{(n)}(x_j) \approx \sum_{k=0}^{N} d_{jk}^{(n)} f(x_k), \quad j = 0, \cdots, N, \tag{5.4.1}$$

其中 $d_{jk}^{(n)}$ 为权系数, 一般通过插值函数得到. 考虑函数 $f(x)$ 的插值

$$I_f(x) = \sum_{k=0}^{N} I_k(x) f(x_k), \tag{5.4.2}$$

其中 I_k 为插值基函数. 对 (5.4.2) 逐次求导, 然后取 $x = x_j$, 得到

$$d_{jk}^{(n)} = I_k^{(n)}(x_j). \tag{5.4.3}$$

将公式 (5.4.1) 写成矩阵形式, 设定 $F = [f(x_0), \cdots, f(x_N)]^{\mathrm{T}}$, 同时也设定 $F^{(n)} = [f^{(n)}(x_0), \cdots, f^{(n)}(x_N)]^{\mathrm{T}}$, 得到

$$F^{(n)} = D^{(n)} F, \tag{5.4.4}$$

其中 $D^{(n)}$ 称为 n 阶微分矩阵, $D^{(n)} = [d_{jk}^{(n)}]$.

5.4.2 传统的微分求积法

下面介绍传统的微分求积法. 由 (5.4.3) 可以看出, 权系数 $d_{jk}^{(n)}$ 是由插值基函数和配置点决定的. 传统的微分求积法采用 Lagrange 插值基函数, 节点一般取为正交多项式的零点, 例如第一或第二类 Chebyshev 点: $x_k = \cos \dfrac{(2k+1)\pi}{2N+2}$ 或 $x_k = \cos \dfrac{k\pi}{N}, k = 0, \cdots, N$. 当取 Chebyshev 点时, 方法也成为 Chebyshev 拟谱方法. 在实际应用中, 考虑到边界的处理, 一般取第二类 Chebyshev 点:

$$x_k = -\cos\frac{k\pi}{N}, \quad k = 0, \cdots, N, \tag{5.4.5}$$

本节研究这类节点上的微分求积法.

我们有以下一些逼近理论的基本知识: 首先, N 次 Chebyshev 多项式为

$$T_N(x) = \cos(N\cos^{-1}(x)), \quad x \in [-1, 1], \tag{5.4.6}$$

其中, $T_N(x)$ 满足以下一些关系式:

$$T_N'(x_k) = 0, \quad 1 \leqslant k \leqslant N - 1, \tag{5.4.7}$$

$$T_N''(x_k) = \frac{(-1)^{k+1}N^2}{1 - x_k^2}, \quad 1 \leqslant k \leqslant N - 1, \tag{5.4.8}$$

$$T_N''(\pm 1) = (\pm 1)^{N+1} N^2. \tag{5.4.9}$$

令 $L(x) = \prod\limits_{j=0}^{N}(x - x_j)$, 由 (5.4.7) 可知, $\{x_k\}_{k=0}^{N}$ 又是 $(1 - x^2)T_N'(x)$ 的零点, 那么, 我们有

$$L(x) = \beta_N(1 - x^2)T_N'(x). \tag{5.4.10}$$

β_N 使得右端多项式最高项系数为 1. 定义 $\{x_k\}_{k=0}^{N}$ 上的 Lagrange 插值基函数为

$$l_k(x) = \prod_{j=0, j\neq k}^{N} \frac{x - x_j}{x_k - x_j}. \tag{5.4.11}$$

由 (5.4.7), (5.4.9), 以及 (5.4.10), 得到

$$\prod_{j=0, j\neq k}^{N}(x - x_j) = \frac{L(x)}{x - x_k} = \frac{\beta_N(1 - x^2)T_N'(x)}{x - x_k}, \tag{5.4.12}$$

$$\prod_{j=0, j\neq k}^{N}(x - x_j) = L'(x_k) = (-1)^{k+1}c_k N^2 \beta_N, \tag{5.4.13}$$

其中, $c_0 = c_N = 2, c_k = 1, 1 \leqslant k \leqslant N - 1$. 最后得到

$$l_k(x) = \frac{(-1)^{k+1}(1 - x^2)T_N'(x)}{c_k N^2(x - x_k)}. \tag{5.4.14}$$

直接对 (5.4.14) 求导, 得到

$$l_k' = \frac{(-1)^k}{c_k N^2(x - x_k)^2} \left[\left(2xT_N'(x) + (x^2 - 1)T_N''(x)\right)(x - x_j) - (x^2 - 1)T_N'(x) \right]. \tag{5.4.15}$$

当 $j \neq k$ 时, 由 (5.4.7)—(5.4.9) 得到

$$d_{jk}^{(1)} = \frac{c_j}{c_k} \frac{(-1)^{j+k}}{x_j - x_k}. \tag{5.4.16}$$

当 $j = k$ 时, 有以下情况

$$d_{kk}^{(1)} = -\frac{x_k}{2(1-x_k^2)}, \quad k \neq 0, N, \quad d_{00}^{(1)} = -d_{NN}^{(1)} = \frac{2N^2+1}{6}. \tag{5.4.17}$$

详细推导参见文献 [3].

如果问题的解充分光滑, 那么微分求积法有指数阶的收敛精度. 但是当解作为复值函数在复平面上有奇性时, 收敛精度取决于函数的解析椭圆. 如果奇性点离实轴区域很近, 解析椭圆就很小, 此时虽然有指数收敛性, 但是收敛速度却很慢. 特别是微分矩阵随着点数的增加条件数越来越差, 最后会导致数值不稳定.

以下介绍能有效解决这一问题的有理微分求积法 (rational differential quadrature method), 首先我们从插值逼近开始讨论传统方法收敛性与解析椭圆的关系, 然后介绍有理 Barycentric 插值, 并引出有理微分求积法, 然后研究了可以解决奇性问题的 sinh 变换, 最后应用 RDQM 求解奇异摄动问题.

5.4.3　传统方法的插值误差估计

Chebyshev 谱方法的高精度很大程度上是因为其采取的插值逼近为近似最佳逼近. 很多经典的文献中都有 Chebyshev 插值逼近的收敛性结论, 如文献 [3]. 其中 Tadmor[47] 给出的收敛性定理的证明表明 Chebyshev 插值的收敛率与插值函数的正则椭圆相关.

定义 5.4.1　记 E_ρ 是复平面上以 ± 1 为焦点, 长半轴和短半轴之和为 ρ 的椭圆, 若 $f(z)$ 在椭圆 E_ρ 内部解析, 则最大解析椭圆 $E_{\rho_0}, \rho_0 = \sup \rho$ 称为 $f(z)$ 的 Bernstein 正则椭圆.

定理 5.4.1　设 $f(x)$ 在 $[-1, 1]$ 上解析, 并且有正则椭圆 $E_{\rho_0}, \rho_0 = \mathrm{e}^{\eta_0} > 1$. 令 $L_f(x)$ 为 $f(x)$ 在第二类 Chebyshev 节点上的 Lagrange 插值. 那么对于任意的 $\eta, 0 < \eta < \eta_0$, 有

$$\|f(x) - L_f(x)\| \leqslant C_\rho \frac{M_\rho}{\sinh \eta} \mathrm{e}^{-N\eta}, \tag{5.4.18}$$

其中 $M_\rho = \max_{z \in E_\rho} |f(z)|, \rho = \mathrm{e}^\eta$ (见文献 [47]).

Tadmor 的工作是通过 Chebyshev 级数展开的系数以及混叠误差得到的, 本节我们通过曲线积分证明这一结论[48].

证明　首先, 我们知道 (x, y) 平面上, 以 ± 1 为焦点的椭圆可由如下方程表示:

$$\frac{x^2}{\alpha^2} + \frac{y^2}{\alpha^2 - 1} = 1, \quad \alpha > 1. \tag{5.4.19}$$

椭圆上任意一点到焦点的距离之和为 2α, 长短半轴之和为 $\rho = \alpha + \sqrt{\alpha^2 - 1}$. 通过计算得到

$$\alpha = \frac{1}{2}(\rho + \rho^{-1}), \quad \sqrt{\alpha^2 - 1} = \frac{1}{2}(\rho - \rho^{-1}). \tag{5.4.20}$$

相应地, 在复平面 $(z = x + \mathrm{i}y)$ 上, 椭圆可表为如下形式:

$$E_\rho : z = \frac{1}{2}(\rho + \rho^{-1})\cos\theta + \frac{\mathrm{i}}{2}(\rho - \rho^{-1})\sin\theta, \quad 0 \leqslant \theta \leqslant 2\pi, \tag{5.4.21}$$

或者

$$E_\rho : z = \frac{1}{2}(\rho\mathrm{e}^{\mathrm{i}\theta} + \rho^{-1}\mathrm{e}^{-\mathrm{i}\theta}), \quad 0 \leqslant \theta \leqslant 2\pi. \tag{5.4.22}$$

另外, 在数据 $\{(x_k, f(x_k))\}$ 上的 Lagrange 插值误差可以由 Hermite 围线积分形式给出,

$$f(x) - L_f(x) = \frac{1}{2\pi\mathrm{i}} \int_\Gamma \frac{L(x)}{L(z)} \frac{f(z)}{z - x} \mathrm{d}z, \tag{5.4.23}$$

其中 $L(x) = \prod_{j=0}^{N}(x - x_j)$, 并且 $f(z)$ 在 Γ 围成的区域内解析. 用柯西积分公式很容易验证 (5.4.23) 成立. 由于 Chebyshev 多项式 $T_N(x)$ 满足

$$(1 - x^2)T_N'(x) = \frac{1}{2}N\left(T_{N-1}(x) - T_{N+1}(x)\right), \tag{5.4.24}$$

从而由 (5.4.10), (5.4.24) 得

$$L(x) = \frac{1}{2}\beta_N N(T_{N-1}(x) - T_{N+1}(x)). \tag{5.4.25}$$

把式 (5.4.25) 代入积分式 (5.4.23), 消去分子分母中的相同项, 我们可以将误差积分写成如下形式:

$$I_E = \frac{1}{2\pi\mathrm{i}} \int_\Gamma \frac{L(x)}{L(z)} \frac{f(z)}{z - x} \mathrm{d}z = \frac{1}{2\pi\mathrm{i}} \int_\Gamma \frac{\omega(x)}{\omega(z)} \frac{f(z)}{z - x} \mathrm{d}z, \tag{5.4.26}$$

其中 $\omega(x) = T_{N+1}(x) - T_{N-1}(x)$. 要估计这个误差积分, 可以选取 Γ 为椭圆 E_ρ, $1 < \rho < \rho_0$, $f(z)$ 在 E_ρ 内解析. 这样选取 Γ 是因为当 N 充分大的时候, ω 有个近似常数的模, 下面将说明这一点. 复平面上的 Chebyshev 多项式可表示为

$$T_N(z) = \frac{1}{2}\left[\left(z + \sqrt{z^2 - 1}\right)^N + \left(z - \sqrt{z^2 - 1}\right)^N\right]. \tag{5.4.27}$$

那么, 当 $z \in E_\rho$ 时,

$$T_N(z) = \frac{1}{2}\left[\left(\rho\mathrm{e}^{\mathrm{i}\theta}\right)^N + \left(\rho^{-1}\mathrm{e}^{-\mathrm{i}\theta}\right)^N\right], \tag{5.4.28}$$

以及

$$\begin{aligned}
\omega(z) &= T_{N+1}(z) - T_{N-1}(z) \\
&= \frac{1}{2}\left(\rho e^{i\theta} - \rho^{-1}e^{-i\theta}\right)\left(\rho^N e^{iN\theta} - \rho^{-N}e^{-iN\theta}\right).
\end{aligned} \tag{5.4.29}$$

从而,

$$|\omega(z)| = \frac{1}{2}\sqrt{\rho^2 + \rho^{-2} - 2\cos(2\theta)}\sqrt{\rho^{2N} + \rho^{-2N} - 2\cos(2N\theta)}. \tag{5.4.30}$$

当 $\theta = 0$ 时, (5.4.30) 取得最小值 $\frac{1}{2}(\rho - \rho^{-1})(\rho^N - \rho^{-N})$. 最大值可知为 $\frac{1}{2}(\rho + \rho^{-1})(\rho^N + \rho^{-N})$, 即有估计

$$\frac{1}{2}(\rho - \rho^{-1})(\rho^N - \rho^{-N}) \leqslant |\omega(z)| \leqslant \frac{1}{2}(\rho + \rho^{-1})(\rho^N + \rho^{-N}). \tag{5.4.31}$$

已知 $\rho > 1$, 可以看出, 当 $N \to \infty$ 时下界、上界趋于一致. 另外, 由于 $|T_N(x)| < 1, x \in [-1, 1]$, 于是有

$$|\omega(x)| \leqslant |T_{N+1}(x)| + |T_{N-1}(x)| \leqslant 2. \tag{5.4.32}$$

设 L_ρ 为 E_ρ 的周长, 利用 Euler 估计[49], 有

$$L_\rho \leqslant \pi\sqrt{\rho^2 + \rho^{-2}}. \tag{5.4.33}$$

设 E_ρ 到 $[-1, 1]$ 的距离为 D_ρ (即 E_ρ 上点到 $[-1, 1]$ 的最短距离), 那么有

$$D_\rho = \frac{1}{2}(\rho + \rho^{-1}) - 1. \tag{5.4.34}$$

在插值误差积分 (5.4.26) 两边取模, 并取 $\Gamma = E_\rho$, 得到

$$\begin{aligned}
|f(x) - L_f(x)| &= \frac{1}{2\pi}\left|\int_{E_\rho} \frac{\omega(x)}{\omega(z)}\frac{f(z)}{z-x}\,\mathrm{d}z\right| \\
&\leqslant \frac{1}{\pi}\frac{\max\limits_{z \in E_\rho}|f(z)|}{\min\limits_{z \in E_\rho}|\omega(z)|}\int_{E_\rho}\frac{|\mathrm{d}z|}{|z-x|} \\
&\leqslant \frac{2M_\rho}{\pi\left(\rho - \rho^{-1}\right)\left(\rho^N - \rho^{-N}\right)}\frac{L_\rho}{D_\rho}.
\end{aligned} \tag{5.4.35}$$

由 $\rho = e^\eta$, 有估计

$$\frac{1}{\rho^N - \rho^{-N}} \leqslant \frac{e^{-\eta N}}{1 - \rho^{-2}}. \tag{5.4.36}$$

若取

$$C_\rho = \frac{1}{\pi(1 - \rho^{-2})} \frac{L_\rho}{D_\rho},$$ (5.4.37)

则

$$|f(x) - L_f(x)| \leqslant C_\rho \frac{M_\rho}{\sinh \eta} \mathrm{e}^{-N\eta}.$$ (5.4.38)

无穷范数下的结果得证.   证毕.

如果函数在复平面上有奇点, 则奇点位置决定了椭圆的大小, 椭圆越大收敛越快. 如果函数是全纯函数, 则椭圆取决于 M_ρ, 即随着 ρ 增大 M_ρ 的增长速度增大, 这时候会比指数收敛更快.

5.4.4 有理微分求积法

有理微分求积法, 又称为有理谱配点法, 首先由 Berrut 等[5,6,49] 提出. 传统的微分求积法是基于 Lagrange 多项式插值的, 类似地, 有理微分求积法是基于 Barycentric 形式的有理插值.

首先, 通过多项式插值导出 Barycentric 形式的有理插值公式. 考虑 $f(x)$ 和 1 的 Lagrange 插值, 即

$$L_f(x) = \sum_{k=0}^{N} l_k(x) f(x_k), \quad 1 = \sum_{k=0}^{N} l_k(x),$$ (5.4.39)

其中 $l_k(x)$ 是 Lagrange 插值基函数. 当节点为第二类 Chebyshev 点时, 由 (5.4.14), 我们得到

$$
\begin{aligned}
R_f(x) &= \frac{L_f}{1} \\
&= \frac{\displaystyle\sum_{k=0}^{N} \frac{(-1)^{k+1}(1-x^2)T_N'(x)}{c_k N^2 (x-x_k)} f(x_k)}{\displaystyle\sum_{k=0}^{N} \frac{(-1)^{k+1}(1-x^2)T_N'(x)}{c_k N^2 (x-x_k)}} \\
&= \frac{\displaystyle\sum_{k=0}^{N} \frac{(-1)^k}{c_k(x-x_k)} f(x_k)}{\displaystyle\sum_{k=0}^{N} \frac{(-1)^k}{c_k(x-x_k)}}.
\end{aligned}
$$ (5.4.40)

我们定义 $f(x)$ 在 x_k 的 Barycentric 有理插值如下:

$$R_f(x) = \sum_{k=0}^{N} r_k(x) f_k,$$ (5.4.41)

其中 $r_k(x)$ 为有理插值基函数

$$r_k(x) = \frac{\dfrac{\omega_k}{x - x_k}}{\displaystyle\sum_{k=0}^{N} \dfrac{\omega_k}{x - x_k}}. \tag{5.4.42}$$

ω_k 称为 Barycentric 权函数. 以第二类 Chebyshev 点为插值点的 Lagrange 插值, 它的 Barycentric 形式插值的权系数[49] 为

$$\omega_k = (-1)^k \delta_k, \quad \delta_k = \begin{cases} 0.5, & k = 0, N, \\ 1, & \text{其他}. \end{cases} \tag{5.4.43}$$

当多项式插值表示成 Barycentric 插值公式时, 一组节点 $\{x_k\}$ 对应唯一一组权系数 $\{\omega_k\}$. 如果在有理插值公式 (5.4.42) 中, 仍然取权系数 $\{\omega_k\}$ 如 (5.4.43), 选取插值点为变换后的 Chebyshev 节点 $g(x_k)$, 这样得到的 Barycentric 插值就是我们研究的有理微分求积法的基础, 下面说明这样选取是合理的.

首先, 令 D_1 和 D_2 为 C 中分别包含 $J = [-1, 1]$ 和实区间 I 的区域. 设变换 $g : D_1 \to D_2$ 使得 $g(J) = I$. 在 Barycentric 插值公式中取节点为变换的 Chebyshev 点 $x_k = g\left(\cos \dfrac{k\pi}{N}\right)$, 然后通过研究 $f : I \to C$ 的有理插值给出权系数 ω_k.

记解析函数 $\phi : D_1 \times D_1 \to C$ 为

$$\phi(z, y) = \frac{z - y}{g(z) - g(y)}. \tag{5.4.44}$$

将函数 $f \circ g$ 写成如下形式:

$$f(g(y)) = \frac{f(g(y)) \phi(z, y)}{\phi(z, y)}. \tag{5.4.45}$$

然后, 固定 z, 分母 $D(z, y) = \phi(z, y)$ 在 $y_k = \cos \dfrac{k\pi}{N}$ 上作多项式插值, 有

$$\begin{aligned}
L_D(z, y) &= \sum_{k=0}^{N} l_k(x) \phi(z, y_k) \\
&= \frac{2^{N-1}}{N} L(x) \sum_{k=0}^{N} \frac{(-1)^k \delta_k}{y - y_k} \phi(z, y_k).
\end{aligned} \tag{5.4.46}$$

当 $z = y \neq y_k$ 时, 结合式 (5.4.44), 有

$$L_D(y) = \frac{2^{N-1}}{N} L(x) \sum_{k=0}^{N} \frac{(-1)^k \delta_k}{g(y) - g(y_k)}. \tag{5.4.47}$$

这时逼近的函数为 $\phi(y,y)=\lim\limits_{z\to y}\phi(z,y)=\dfrac{1}{g'(y)}$. 对分子 $N(z,y)=f(g(y))\times\phi(z,y)$ 进行同样的操作, 可以得到 $f(g(y))\dfrac{1}{g'(y)}$ 的逼近:

$$L_N(y)=\frac{2^{N-1}}{N}L(x)\sum_{k=0}^{N}\frac{(-1)^k\delta_k}{g(y)-g(y_k)}f(g(y_k)). \tag{5.4.48}$$

令式 (5.4.48) 和 (5.4.47) 相除可以得到 $f\circ g$ 的一个插值:

$$R_{f\circ g}(y)=\frac{\sum\limits_{k=0}^{N}\dfrac{(-1)^k\delta_k}{g(y)-g(y_k)}f(g(y_k))}{\sum\limits_{k=0}^{N}\dfrac{(-1)^k\delta_k}{g(y)-g(y_k)}}. \tag{5.4.49}$$

最后由变换 $x=g(y)$ 和 $x_k=g(y_k)$, 得到 $f(x)$ 在节点 $x_k=g\left(\cos\dfrac{k\pi}{N}\right)$ 上以 $\omega_k=(-1)^k\delta_k$ 为权系数的有理插值 $R_f(x)$. 下面的这个定理表明, 这种有理插值保持了指数收敛性.

定理 5.4.2[49] 令 D_1 和 D_2 为 C 中分别包含 $J=[-1,1]$ 和实区间 I 的区域. 设保形变换 $g:D_1\to D_2$ 使得 $g(J)=I$. 若有函数 $f:D_2\to C$ 使得函数 $f\circ g:D_1\to C$ 在椭圆 $E_\rho(\subset D)$ 内部和边界上解析, 其中解析椭圆 E_ρ 以 ± 1 为焦点并且长半轴和短半轴之和为 $\rho(\rho>1)$. $R_f(x)$ 是函数 f 的有理插值 (5.4.41), 节点和权系数分别取为 $x_k=g\left(\cos\dfrac{k\pi}{N}\right)$ 和 $\omega_k=(-1)^k\delta_k$. 那么, 对于所有 $x\in[-1,1]$, 有

$$|R_f(x)-f(x)|=O(\rho^{-N}). \tag{5.4.50}$$

定理 5.4.2 条件同定理 5.4.1, 结论为

$$\max_{x\in[-1,1]}\left|R_f^{(n)}(x)-f^{(n)}(x)\right|\leqslant c_n\rho^{-N},\quad N\to\infty,$$

其中, $n\in\mathbb{N}^+$, c_n 与 f,g 有关, 且与 N 是代数相关.

由定理可知, 适当的选取变换 g, 使得 $f\circ g$ 的解析椭圆大于 f 的解析椭圆, 将有效地改善收敛性.

Barycentric 有理插值形式简单, 计算稳定, 却一直未引起数值计算界关注. Barycentric 有理插值的另外一个优点是, 可以很容易得到微分矩阵. (5.4.51),

(5.4.52) 给出了一阶和二阶微分矩阵的元素表达式[6]:

$$D_{jk}^{(1)} = \begin{cases} \dfrac{\omega_k}{\omega_j(x_j - x_k)}, & j \neq k, \\ -\displaystyle\sum_{i \neq j} D_{jk}^{(1)}, & j = k. \end{cases} \tag{5.4.51}$$

$$D_{jk}^{(2)} = \begin{cases} 2D_{jk}^{(1)}\left(D_{jj}^{(1)} - \dfrac{1}{x_j - x_k}\right), & j \neq k, \\ -\displaystyle\sum_{i \neq j} D_{jk}^{(2)}, & j = k. \end{cases} \tag{5.4.52}$$

5.4.5　Sinh 变换

本小节我们考虑变换 g 的选取. 在 RDQM 中, Berrut 等用了 tan 变换, Trefethen 用了 sinh 变换[6]. 通过比较, 我们发现 sinh 变换比其他方法更有效. 设函数 f 在 z 平面上有一个靠近 $[-1, 1]$ 的奇点 $z = \delta + i\epsilon (\delta \in \mathbb{R}, \epsilon > 0)$, sinh 变换定义为

$$g : z = \delta + \epsilon \sinh\left(\mu(\delta, \epsilon)\omega + \eta(\delta, \epsilon)\right), \tag{5.4.53}$$

其中

$$\mu(\delta, \epsilon) = \frac{1}{2}\left[\sinh^{-1}\left(\frac{1 + \delta}{\epsilon}\right) + \sinh^{-1}\left(\frac{1 - \delta}{\epsilon}\right)\right], \tag{5.4.54}$$

$$\eta(\delta, \epsilon) = \frac{1}{2}\left[\sinh^{-1}\left(\frac{1 + \delta}{\epsilon}\right) - \sinh^{-1}\left(\frac{1 - \delta}{\epsilon}\right)\right], \tag{5.4.55}$$

通过计算可知, 点 $z = \delta + i\epsilon$ 被 g^{-1} 变换到 ω 平面上的点

$$\omega_j = \frac{\eta(\delta, \epsilon)}{\mu(\delta, \epsilon)} + i\frac{(2j + 1)\pi}{2\mu(\delta, \epsilon)}, \quad j \in \mathbb{Z}. \tag{5.4.56}$$

为了比较解析椭圆大小, 取最靠近 $[-1, 1]$ 的

$$s(\delta, \epsilon) + it(\delta, \epsilon) = \frac{\eta(\delta, \epsilon)}{\mu(\delta, \epsilon)} + i\frac{\pi}{2\mu(\delta, \epsilon)}, \quad j \in \mathbb{Z}, \tag{5.4.57}$$

计算可知变换后的 $\omega = s + it$ 所在的解析椭圆 $E_{\rho(s,t)}$ 比 $E_{\rho(\delta,\epsilon)}$ 离 $[-1, 1]$ 更远[50].

例 5.4.1　设 $f(x) = \dfrac{1}{1 + \left(\dfrac{x}{\varepsilon}\right)^2}$, 我们给出如下变换:

$$x = g(y) = \varepsilon \sinh(\mu y), \quad \mu = \sinh^{-1}\left(\frac{1}{\varepsilon}\right).$$

表 5.12 给出了例 5.4.1 中函数 $f(x)$ 在 sinh 变换前后解析椭圆长短半轴之和.

表 5.12 变换前后解析椭圆长短半轴之和

ε	$\rho_{\delta,\varepsilon}$	$\rho_{s,t}$
$\varepsilon = 10^{-4}$	1.000100	1.1711
$\varepsilon = 10^{-5}$	1.000010	1.1369
$\varepsilon = 10^{-6}$	1.000001	1.1141

对于区间两个端点都含有边界层的问题, 由一个边界层确定的 sinh 变换无法增大解析椭圆. 设问题在 ± 1 都有厚度为 $O(\varepsilon)$ 的边界层. 我们首先将 $[-1,1]$ 划分成两个子区间, 然后分别在子区间上给出如下两个变换:

$$g_1(\omega) = -1 + c\varepsilon \sinh(\mu_1\omega - \eta_1), \quad \omega \in [-1,0], \tag{5.4.58}$$

$$g_2(\omega) = 1 + c\varepsilon \sinh(\mu_2\omega - \eta_2), \quad \omega \in [0,1], \tag{5.4.59}$$

其中确定 μ_1 和 η_1 使得 $g_1(-1) = -1$ 以及 $g_1(0) = 0$; 同样地, μ_2 和 η_2 由 $g_2(0) = 0$ 和 $g_2(1) = 1$ 确定. 这样, 取 g 为如下分段函数,

$$g(\omega) = \begin{cases} g_1(\omega), & -1 \leqslant \omega < 0, \\ g_2(\omega), & 0 \leqslant \omega \leqslant 1, \end{cases} \tag{5.4.60}$$

称之为复合 sinh 变换 (combined sinh transform), 可知 g 的一阶导数在 $\omega = 0$ 处连续. 奇异摄动内层问题 (又称拐点问题) 的解在区域内部有急剧跳跃, 对于这类问题一个 sinh 变换并不能充分解决问题, 因为 Chebyshev 节点的分布是向两边聚集的, 我们提出了双 sinh 变换 (double sinh transform) 进一步提高精度. 设解 u 在 $x = 0$ 处有厚度为 $O(\sqrt{\varepsilon})$ 的内层, 首先定义如下 sinh 变换:

$$g(\omega) = c\sqrt{\varepsilon} \sinh(\mu\omega - \eta), \tag{5.4.61}$$

然后分别定义单 sinh 变换 (single sinh transform) 和双 sinh 变换:

$$g_s(\omega) = g(\omega), \tag{5.4.62}$$

$$g_d(\omega) = g(g(\omega)). \tag{5.4.63}$$

注 5.4.1 复合 sinh 变换并不是保形变换, 不满足定理 5.4.1 的假设, 但是它的确可以起到加密节点、处理奇性的作用. 下面解决两端边界层问题的数值实验验证了这种变换的有效性, 采用这种变换比区域分解方便.

5.4.6 RDQM 在奇异摄动中的应用

奇异摄动问题一般含有边界层或内部层, 对于很薄的边界层, 传统的 DQM 会遇到很大的麻烦. Chebyshev 节点在边界附近相邻点间隔为 $O(N^{-2})$[3], 而为

了较好地捕捉边界层, 需要在层内有配置点, 设边界层宽度为 $O(\varepsilon)$, 可知 $N = O(\varepsilon^{-1/2})$. 当 $\varepsilon = 10^{-8}$ 时, 约需 $N = O(10^4)$ 个配置点, 另外, DQM 一阶和二阶微分矩阵的条件数分别为 $O(N^2)$ 和 $O(N^4)$, 所以这时微分矩阵的条件数很差, 将导致计算不稳定.

从另一个角度看, 当 ε 很小时, 函数 $f(x)$ 在复平面上有十分靠近 $[-1,1]$ 的奇点, 导致函数的解析椭圆很小, 传统的 DQM 收敛得很慢, 因此需要很大的节点数才能达到预期的收敛精度.

有理 Barycentric 插值可以很好地逼近含有边界层的函数. RDQM 是基于有理插值的, 所以利用 RDQM 解决奇异摄动问题是一个很好的途径. 当然, 我们必须要知道函数在复平面上的奇点, 才能用变换将函数的解析椭圆拉大. Trefethen 等通过 Chebyshev-pade 逼近来搜索奇点[6], Berrut 等将奇点作为待定参数放在分母上, 通过迭代找到最优奇点. 对于奇异摄动问题, 可以大致估计奇点的位置, 即, 若已知边界层位置为 δ, 边界层宽度为 $O(\varepsilon)$, 从而可以假设解在复平面上的奇点为 $\delta + c\varepsilon$, c 为一参数, 这里我们通过数值试验确定.

下面通过数值试验演示 RDQM 的应用.

例 5.4.2 考虑如下一维对流方程

$$-\varepsilon u_{xx} + u_x = -0.5, \quad x \in (-1,1), \quad u(\pm 1) = 0,$$

解析解为

$$u(x) = \frac{e^{(x+1)/\varepsilon} - 1}{e^{2/\varepsilon} - 1} - \frac{x+1}{2}.$$

解在 $x = -1$ 处有边界层, 宽度为 $O(\varepsilon)$. 这里利用 sinh 变换 (5.4.53), 其中 $\delta = -1$, $\epsilon = c\varepsilon$, x_k 为变换后的 Chebyshev 节点, $D^{(1)}$ 和 $D^{(2)}$ 为一阶和二阶微分矩阵, 离散方程得

$$[-\varepsilon D^{(2)}(2:N, 2:N) + D^{(1)}(2:N, 2:N)]u = -0.5,$$

u 为 $u(x)$ 在 $\{x_k\}_{k=1}^{N-1}$ 上的数值解. 令 E 节点上的绝对误差, 表 5.13 列出了 $\varepsilon = 10^{-5}, 10^{-7}, 10^{-9}$ 时的绝对误差, 其中 $c = 7$.

表 5.13 例 5.4.2 对应于不同 ε 的误差 E, $c = 7$

ε	$N = 50$	$N = 60$	$N = 70$	$N = 80$	$N = 90$
10^{-5}	2.2798e-07	2.5645e-08	5.9159e-10	1.8179e-10	1.7470e-10
10^{-7}	2.4502e-04	5.7768e-06	7.0318e-07	2.8502e-07	8.2839e-08
10^{-9}	3.6676e-02	2.2050e-03	1.0147e-04	4.6864e-05	9.0895e-06

例 5.4.3 我们应用 RDQM 解决一个 2 维的奇异摄动问题

$$-\varepsilon \Delta \omega + \omega_x + \omega_y = f, \quad (x,y) \in \Omega = (0,1)^2,$$
$$\omega = 0, \quad (x,y) \in \partial\Omega.$$

解析解是 $w = xy\left(1 - \exp\left(\dfrac{x-1}{\varepsilon}\right)\right)\left(1 - \exp\left(\dfrac{y-1}{\varepsilon}\right)\right)$. 每个方向上都用 sinh 变换得到配置点, 取 $\delta = 1$, $\epsilon = c\varepsilon$. 图 5.27 给出了函数在 $\varepsilon = 10^{-5}$ 时的函数图像, 我们计算了在配置点上的绝对误差 E, 见表 5.14, 这里取 $c = 5$. 可以看出, 有理微分求积法能很好地处理这个问题, 能达到较高的精度.

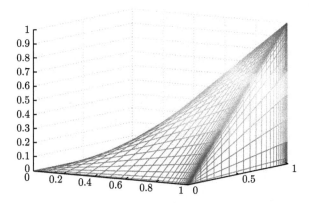

图 5.27 例 5.4.3 在 $\varepsilon = 10^{-5}$ 时的函数图像

表 5.14 例 5.4.3 对应于不同 ε 的误差 E, $c = 5$

ε	$N = 40$	$N = 45$	$N = 50$	$N = 55$	$N = 60$
10^{-4}	1.7069e−006	5.2244e−008	1.4678e−009	4.2044e−011	2.7832e−011
10^{-6}	4.1842e−003	3.2719e−004	2.2280e−005	1.4487e−006	7.4537e−008
10^{-8}	1.0886e+000	1.0389e−001	1.1847e−002	1.2479e−006	1.1913e−006

例 5.4.4 考虑如下一维奇异摄动问题:

$$\varepsilon u''(x) - xu'(x) - u(x) = f(x), \tag{5.4.64}$$

$$u(-1) = 1, \quad u(1) = 2. \tag{5.4.65}$$

解析解为 $u(x) = \mathrm{e}^{-(x+1)/\varepsilon} + 2\mathrm{e}^{(x-1)/\varepsilon}$, 解在 $x = -1$ 和 $x = 1$ 都有边界层, 边界层厚度为 $O(\varepsilon)$. 配置节点通过变换取为

$$x_j = g\left(\cos\frac{j\pi}{N}\right) = \begin{cases} -1 + c\varepsilon \sinh\left(\mu_1 \cos\dfrac{j\pi}{N} - \eta_1\right), & -1 \leqslant \cos\dfrac{j\pi}{N} < 0, \\ 1 + c\varepsilon \sinh\left(\mu_2 \cos\dfrac{j\pi}{N} - \eta_2\right), & 0 < \cos\dfrac{j\pi}{N} \leqslant 1, \end{cases} \tag{5.4.66}$$

其中取 $c = 8$. 表 5.15 给出了有理微分求积法的绝对误差, 表 5.16 列出了文献 [51] 的结果.

表 5.15　有理微分求积法求解例 5.4.4 的绝对误差

ε	$N=61$	$N=67$	$N=73$	$N=79$	$N=85$
10^{-7}	8.0394e−03	6.9427e−04	1.4231e−04	4.1869e−06	2.3994e−07
10^{-8}	1.4869e−01	1.6300e−02	1.8892e−03	4.8574e−−04	7.6895e−05
10^{-9}	4.5584e−00	2.5982e−01	3.2243e−02	8.9947e−03	9.5501e−04

表 5.16　Tang 等[51] 求解例 5.4.4 给出的最大误差

ε		$N=32$	$N=64$	$N=128$	$N=256$
10^{-9}	$m=3$	2.66e−00	9.11e−01	2.33e−02	3.06e−04

例 5.4.5　考虑含有拐点的奇异摄动问题:

$$\varepsilon u'' + x u' = -\varepsilon \pi^2 \cos(\pi x) - \pi x \sin(\pi x), \tag{5.4.67}$$

$$u(-1) = -2, \quad u(1) = 0. \tag{5.4.68}$$

解析解为

$$u(x) = \cos(\pi x) + \frac{\mathrm{erf}\left(\dfrac{x}{\sqrt{2\varepsilon}}\right)}{\mathrm{erf}\left(\dfrac{1}{\sqrt{2\varepsilon}}\right)}, \tag{5.4.69}$$

其中 erf 为误差函数, 解在 $x=0$ 处有一内层, 厚度为 $O(\sqrt{\varepsilon})$. 表 5.17 比较单 sinh 变换 g_s 和双 sinh 变换 g_d 得到的结果, 取 g_s 中 $c=1$, g_d 中 $c=13$. 表 5.18 给出了应用双 sinh 变换时对应不同 ε 的绝对误差.

表 5.17　比较当 $\varepsilon = 10^{-6}$ 时用 g_s 和 g_d 得到的绝对误差

	$N=55$	$N=65$	$N=75$	$N=85$	$N=95$
g_s	7.7132e−04	5.5975e−05	5.2412e−05	2.3534e−05	6.7992e−06
g_d	8.1288e−06	5.3682e−06	6. 1051e−07	9.2985e−08	1.5125e−08

表 5.18　对不同 ε 用 g_d 得到的误差

ε	$N=55$	$N=65$	$N=75$	$N=85$	$N=95$
10^{-7}	2.6424e−04	1.7213e−05	5.9513e−06	1.3386e−06	7.2422e−08
10^{-8}	5.9762e−04	2.2712e−04	3.5005e−05	2.8503e−06	2.2778e−07
10^{-9}	4.2088e−03	5.2420e−04	2.0282e−04	4.2197e−05	9.2122e−06

三维空间奇异摄动问题的微分求积法请参阅文献 [52].

5.5   Sinc 方法

Sinc 方法也是一类高精度的数值算法, 能有效处理一类在边界有奇性或是空间有振荡的问题.

Sinc 方法基于 Sinc 函数插值. Sinc 函数是无界域上的正交函数族, 最原始的 Sinc 方法是一种无界域上的 Fourier 谱方法. 后来, Stenger[7,8] 等深入研究了 Sinc 方法的理论, 并对 Sinc 方法作了重要发展, 使 Sinc 方法扩展到了有界域、半无界域上的很多问题. 最近, Sugihara[9,10] 等又将双指数变换用于 Sinc 方法, 取得了很好的效果.

微分求积法是以多项式为基函数的, 因此它的逼近性态是在 Sobolev 空间中研究的, 而 Sinc 方法是在解析函数空间中研究逼近性态的, 它们之间有很大的差别.

5.5.1   Sinc 方法简介

定义 $(-\infty, \infty)$ 上的 Sinc 点为 $x_k = kh, k = 0, \pm 1, \pm 2, \cdots$. Sinc 函数 $S(k, h)(t)$ 定义如下:

$$S(k, h)(t) = \frac{\sin\left[\dfrac{\pi}{h}(t - kh)\right]}{\dfrac{\pi}{h}(t - kh)}, \tag{5.5.1}$$

其中步长 h 与节点数 N 有关. Sinc 函数满足如下关系:

$$-\int_R S(k, h)(t) S(j, h)(t) \mathrm{d}t = \begin{cases} h, & j = k, \\ 0, & j \neq k. \end{cases}$$

所以 $\{S(k, h)(t)\}$ 构成一组正交基.

定义 5.5.1   定义复平面上的带状区域 D_d 为

$$D_d = \{z \in \mathbb{C} : |\mathrm{Im}z| < d\}.$$

对 $0 < \varepsilon < 1$, 令 $D_d(\varepsilon)$ 定义为

$$D_d(\varepsilon) = \left\{z \in \mathbb{C} : |\mathrm{Re}z| < \frac{1}{\varepsilon}, |\mathrm{Im}z| < d(1 - \varepsilon)\right\}.$$

令 $H^1(D_d)$ 表示 D_d 上的 Hardy 空间, 即解析函数 f 组成的集合, 使得

$$\lim_{\varepsilon \to 0} \int_{\partial D_d(\varepsilon)} |f(z)| \, |\mathrm{d}z| < \infty.$$

对于无穷域上的 Sinc 插值逼近有如下的收敛性定理.

定理 5.5.1[7]　设有正常数 α, β 和 d, 使得

(1) $f \in H^1(D_d)$;

(2) f 在实轴上有指数衰减, 即对所有 $x \in \mathbb{R}$

$$|f(x)| \leqslant \alpha e^{-\beta|x|},$$

那么当 $h = \sqrt{\dfrac{\pi d}{\beta N}}$ 时, 有

$$\sup_{-\infty < x < \infty} \left| f(x) - \sum_{j=-N}^{N} f(jh)S(j,h)(x) \right| \leqslant CN^{\frac{1}{2}} e^{-\sqrt{\pi d \beta N}},$$

其中 C 为常数.

对于一般区域 (a,b) 上的函数 $f(x)$ 的 Sinc 插值, 直观的想法就是利用坐标变换 $x = \psi(t)$ 将 $x \in (a,b)$ 变换到 $x \in (-\infty, \infty)$, 然后再利用 $\mathbb{R}$ 上的 Sinc 插值公式来逼近 $f(\psi(t))$. 具体过程如下:

(1) 选择合适的变换 ψ, 使得

$$\psi : \mathbb{R} \to (a,b), \quad \lim_{t \to -\infty} \psi(t) = a, \quad \lim_{t \to \infty} \psi(t) = b, \tag{5.5.2}$$

将 $[a,b]$ 上的函数 $f(x)$ 变换成 $\mathbb{R}$ 上的函数 $f(\psi(t))$.

(2) 利用无穷域上的 Sinc 插值公式逼近 $f(\psi(t))$, 有

$$f \circ \psi(t) \approx \sum_{j=-N}^{N} f(\psi(jh))S(j,h)(t), \quad t \in \mathbb{R},$$

若记变换 $\phi = \psi^{-1}$ 和 Sinc 点 $x_j = \psi(jh)$, 则

$$f(x) \approx \sum_{j=-N}^{N} f(x_j)S(j,h) \circ \phi(x), \quad x \in (a,b).$$

由定理 5.5.1 可知, 有限区间 (a,b) 上 Sinc 逼近的收敛性取决于函数本身的性态和适当的变换, 也就是函数 $f(\psi(t))$ 当 $|t| \to \infty$ 时有指数衰减性. $f(a) = f(b) = 0$ 是必须的, 而选择适当的变换, 例如双指数变换, 则可以加速函数 $f(\psi(t))$ 的指数衰减性.

双指数变换是首先由 Takahasi 和 Mori 提出并应用到数值求积中的. Sugihara[9,10,54] 等首先将双指数变换应用到了 Sinc 方法.

对于一般区域上的 Sinc 插值, 有类似于定理 5.5.1 的结论.

定理 5.5.2[9]　假设有正常数 α, β, γ, d 和公式 (5.4.2) 所定义的 $x = \psi(t)$ 及其逆变换 $t = \phi(x)$, 使得区域 $[a,b]$ 上的函数 $f(x)$ 满足

(1) $f \circ \psi(t) \in H^1(D_d)$;

(2) $f \circ \psi(t)$ 在实轴上有双指数衰减, 即对所有 $t \in \mathbb{R}$

$$|f \circ \psi(t)| \leqslant \alpha e^{-\beta e^{\gamma|t|}}, \tag{5.5.3}$$

那么有

$$\sup_{a<x<\infty} \left| f(x) - \sum_{j=-N}^{N} f(x_j) S(j,h) \circ \phi(x) \right| \leqslant C e^{-\frac{\pi d \gamma N}{\ln\left(\frac{\pi d \gamma N}{\beta}\right)}}, \tag{5.5.4}$$

C 为常数, 步长 h 取为

$$h = \frac{\ln\left(\dfrac{\pi d \gamma N}{\beta}\right)}{\gamma N}, \tag{5.5.5}$$

由定理 5.5.1 和定理 5.5.2 可看出, 如果能让函数达到双指数衰减, 则其插值收敛率可以从 $O(e^{-\sqrt{N}})$ 提高到 $O(e^{-\frac{N}{\ln N}})$. Sugihara[9] 证明了双指数衰减条件已经达到了最优. 以 $[-1,1]$ 上的函数 $(1+x)(1-x)$ 为例, 我们取双指数变换

$$x = \psi(t) = \tanh\left(\frac{\pi}{2}\sinh t\right).$$

可知

$$f \circ \psi(t) = 1 - \tanh^2\left(\frac{\pi}{2}\sinh t\right) = \sec h^2\left(\frac{\pi}{2}\sinh t\right) \leqslant 4e^{-\pi|\sinh t|} \leqslant 4e^{-\frac{\pi}{2}e^{|t|}}$$

满足定理 5.5.2 的条件, 其 Sinc 插值应具有 $O(e^{-\frac{N}{\ln N}})$ 的收敛速度. 可以看出, 经过变换后的函数具有了双指数衰减性.

常用的双指数变换为

(1) $x \in (a,b) \to t \in (-\infty,\infty)$, $x = \psi_1(t) = \dfrac{b+a}{2} + \dfrac{b-a}{2}\tanh\left(\dfrac{\pi}{2}\sinh t\right)$; \hfill (5.5.6)

(2) $x \in (a,\infty) \to t \in (-\infty,\infty)$, $x = \psi_2(t) = a + e^{\frac{\pi}{2}\sinh t}$; \hfill (5.5.7)

(3) $x \in (-\infty,\infty) \to t \in (-\infty,\infty)$, $x = \psi_3(t) = \sinh\left(\dfrac{\pi}{2}\sinh t\right)$. \hfill (5.5.8)

5.5.2 基于最高阶导数插值的 Sinc 方法

在求解工程和科学计算问题的时候, 人们往往习惯于用数值微分的方法来进行数值计算. 例如, 对一个已知的微分方程, 人们往往是首先通过插值函数来逼近未知函数, 然后再对这个插值函数求导数来得到未知函数的各阶导数的逼近. 这样微分方程就可以转化为相应的代数方程组, 然后求出数值解. 考虑到如下原因:

(1) 众所周知, 数值微分对误差是比较敏感的, 相比较而言, 数值积分对误差就没有这么敏感.

(2) 当用 Sinc 方法计算各阶微分矩阵时, 由于收敛性的要求, 会对未知函数及其各阶导数在边界上的取值提出很高的要求, 执行起来很困难, 而用 Sinc 方法构造积分矩阵时, 对边界的要求很低, 处理起来很方便. 于是, 我们在文献 [55] 中提出了一种新方法: 基于最高阶导数插值的 Sinc 方法 (Sinc method based on the interpolation of the highest derivatives, SIHD), 取得了很好的结果.

不定积分的 Sinc 逼近 SIHD 基于如下的不定积分定理.

定理 5.5.3[9]　令 $\alpha > 0, \beta > 0, d > 0$, 若函数 f 满足:

(1) $f \in H^1(D_d)$;

(2) f 在实轴上有指数衰减, 即对所有的 $x \in \mathbb{R}$,

$$|f(x)| \leqslant \alpha e^{-\beta|x|},$$

以及 $h = \left(\dfrac{\pi d}{\alpha N}\right)^{\frac{1}{2}}$, 那么存在与 N 无关的常数 K, 使得

$$\left| \int_{-\infty}^{kh} f(t)\mathrm{d}t - h \sum_{l=-N}^{N} \delta_{k-l}^{(-1)} f(lh) \right| \leqslant K e^{-\sqrt{\pi d \alpha N}},$$

其中 $\delta_k^{(-1)} = \dfrac{1}{2} + \delta_k$, $\delta_k = \int_0^k \dfrac{\sin(\pi t)}{\pi t}\mathrm{d}t$.

对一般区域 $[a, b]$ 上有如下定理.

定理 5.5.4[53]　设变量代换 $x = \psi(t)$ 及其逆变换 $t = \phi(x)$ 及函数 $\dfrac{f(x)}{\phi'(x)}$ 满足定理 5.5.2 中的条件 (1),(2), 即

(1) $\dfrac{f}{\phi'} \in H^1(D)$;

(2) $\left| \dfrac{f}{\phi'} \circ \psi(t) \right| \leqslant \alpha e^{-\beta e^{\gamma|x|}}$,

那么, 我们有

$$\int_a^{x_k} f(x)\mathrm{d}x = h \sum_{l=-N}^{N} \delta_{k-l}^{(-1)} \frac{F(x_l)}{\phi'(x_l)} + O\left(\frac{\ln N}{N} e^{-\frac{\pi d \gamma N}{\ln(\pi d \gamma N/\beta)}} \right), \tag{5.5.9}$$

从这个定理中可看出 Sinc 不定积分逼近对被积函数的要求比较宽松, 仅要求 $\dfrac{f}{\phi'}$。 $\psi(t)$ 满足指数衰减. 一般而言, 只要 $f(x)$ 在 $[a, b]$ 上有界, 再结合双指数变换 (5.5.6), 即可满足上述条件.

现在我们把 SIHD 方法用于求解如下奇异摄动两点边值问题:

$$\varepsilon w''(x) + p(x)w'(x) + q(x)w(x) = g(x), \tag{5.5.10}$$

$$c_0 w(c) + c_1 w'(c) = c_2, \tag{5.5.11}$$

$$d_0 w(d) + d_1 w'(d) = d_2. \tag{5.5.12}$$

首先选取区域 $[a, b]$ 使得 $a < c, d < b$ 在 $[a, b]$ 上有公式

$$w'(x) = \int_a^x w''(x)\mathrm{d}x + w'(a), \tag{5.5.13}$$

$$w(x) = \int_a^x w'(x)\mathrm{d}x + w(a) = \int_a^x \int_a^t w''(s)\mathrm{d}s\mathrm{d}t + (x - a)w'(a) + w(a), \tag{5.5.14}$$

取双指数变换

$$x = \phi^{-1}(t) = \frac{b-a}{2}\tanh\left(\frac{\pi}{2}\sinh t\right) + \frac{b+a}{2}, \tag{5.5.15}$$

令 Sinc 点记为 $x = [-x_{-N}, \cdots, x_N]^{\mathrm{T}}$, 将 x 代入积分 (5.5.13) 与 (5.5.14), 记 $I^{(-1)} = [\delta_{k-l}^{(-1)}]$, 其中

$$\delta_k^{(-1)} = \frac{1}{2} + \sigma_k = \frac{1}{2} + \int_0^k \frac{\sin(\pi t)}{\pi t}\mathrm{d}t.$$

E 为单位阵, $A = hI^{(-1)}D\left(\dfrac{1}{\phi'}\right)$, $B = A^2$, $w = [w_{-N}, \cdots, w_N]^{\mathrm{T}}$, $w' = [w'_{-N}, \cdots, w'_N]^{\mathrm{T}}$, $w'' = [w''_{-N}, \cdots, w''_N]^{\mathrm{T}}$, $n = 2N + 1$, $D(v)$ 表示将向量 v 化成对角阵. 由 (5.5.9) 可推得

$$w'' = Ew'', \tag{5.5.16}$$

$$w' = Aw'' + w'(a), \tag{5.5.17}$$

$$w = Bw'' + (x - a)w'(a) + w(a). \tag{5.5.18}$$

记未知量 $\overline{w}'' = [w(a), w'(a), w''(a)]^{\mathrm{T}}$, $\overline{E} = [0, 0, E]$, $\overline{A} = [0, 1, A]$, $\overline{B} = [1, x - a, B]$, 其中 $0, 1, x - a$ 是 $n \times 1$ 向量, 则

$$w'' = \overline{E}\,\overline{w}'', \quad w' = \overline{A}\,\overline{w}'', \quad w = \overline{B}\,\overline{w}''.$$

设 $c = x_{-N}, d = x_N$ 为第一个与最后一个节点, 则由 (5.5.15) 可知

$$\frac{b-a}{2}\tanh\left(\frac{\pi}{2}\sinh(-Nh)\right) + \frac{b+a}{2} = c, \tag{5.5.19}$$

$$\frac{b-a}{2}\tanh\left(\frac{\pi}{2}\sinh(Nh)\right) + \frac{b+a}{2} = d, \tag{5.5.20}$$

解之即得 a 与 b.

记 $p = p(x), q = q(x), g = g(x)$ 分别为对应于 n 维向量 x 的 n 维向量, $l_1 = [1, 0, \cdots, 0]^{\mathrm{T}}, l_n = [0, \cdots, 0, 1]^{\mathrm{T}}$, 则

$$
\begin{bmatrix}
\overline{E} + D(p)\overline{A} + D(q)\overline{B} \\
l_1^{\mathrm{T}}(c_0\overline{B} + c_1\overline{A}) \\
l_n^{\mathrm{T}}(d_0\overline{B} + d_1\overline{A})
\end{bmatrix}
\overline{w}'' =
\begin{bmatrix}
g \\
c_2 \\
d_2
\end{bmatrix}.
\tag{5.5.21}
$$

最后, 给出求解过渡层的组合双曲变换 Sinc 方法. 记

$$
y = \frac{b-a}{2}\tanh\left(\frac{\pi}{2}\sinh t\right) + \frac{b+a}{2},
\tag{5.5.22}
$$

其逆变换为

$$
t = \mathrm{asinh}\left(\frac{2}{\pi}\mathrm{atanh}\left(\frac{2y}{b-a} - \frac{b+a}{b-a}\right)\right),
\tag{5.5.23}
$$

设过渡层位于 $x = 0$, 引进双曲正弦变换

$$
x = \varepsilon\sinh(\mu y), \quad \text{其中 } \mu = \mathrm{asinh}\left(\frac{1}{\varepsilon}\right),
\tag{5.5.24}
$$

则

$$
y = \frac{1}{\mu}\mathrm{asinh}\left(\frac{x}{\varepsilon}\right),
\tag{5.5.25}
$$

组合双曲变换为

$$
t = \mathrm{asinh}\left(\frac{2}{\pi}\mathrm{atanh}\left(\frac{2}{b-a}\frac{1}{\mu}\mathrm{asinh}\left(\frac{x}{\varepsilon}\right) - \frac{b+a}{b-a}\right)\right) = \phi(x).
\tag{5.5.26}
$$

其逆变换为

$$
x = \varepsilon\sinh\left(\mu\left(\frac{b-a}{2}\tanh\left(\frac{\pi}{2}\sinh t\right) + \frac{b+a}{2}\right)\right) = \psi(t).
\tag{5.5.27}
$$

由于

$$
t = (\mathrm{asinh}(x))' = \frac{1}{\sqrt{1+x^2}}, \quad (\mathrm{atanh}(x))' = \frac{1}{1-x^2},
$$

故

$$
\phi'(x) = \frac{\dfrac{2}{\pi}}{\sqrt{1 + \left(\dfrac{2}{\pi}\mathrm{atanh}\left(\dfrac{2}{b-a}\dfrac{1}{\mu}\mathrm{asinh}\left(\dfrac{x}{\varepsilon}\right) - \dfrac{b+a}{b-a}\right)\right)^2}}
$$

$$\cdot \frac{\dfrac{2}{b-a}\cdot\dfrac{1}{\mu}}{1-\left(\dfrac{2}{b-a}\dfrac{1}{\mu}\mathrm{a}\sinh\left(\dfrac{x}{\varepsilon}\right)-\dfrac{b+a}{b-a}\right)^2}\cdot\frac{1}{\sqrt{\varepsilon^2+x^2}}. \tag{5.5.28}$$

由式 (5.5.27), 令 $\psi(-Nh)=-1,\psi(Nh)=1$, 即可解出 a,b.

注 5.5.1 由于 Sinc 方法节点加密时对区间两端作用显著, 而在中间加密效果不显著, 引进组合双曲变换正是为了解决这一困难.

例 5.5.1 考虑双边界层的奇异摄动问题:

$$\begin{cases} \varepsilon u'' - xu' - u = f(x), \\ u(-1)=1, \quad u(1)=2. \end{cases}$$

这一问题的解析解为 $u=\mathrm{e}^{-\frac{x+1}{\varepsilon}}+2\mathrm{e}^{\frac{x-1}{\varepsilon}}$, 解在 $x=-1$ 和 $x=1$ 处都有边界层. 用前面介绍的计算的数值结果见图 5.28.

例 5.5.2 考虑含有拐点奇异摄动问题:

$$\begin{cases} \varepsilon u'' + xu' = -\varepsilon\pi^2\cos(\pi x) - \pi x\sin(\pi x), \\ u(-1)=-2, \quad u(1)=0. \end{cases}$$

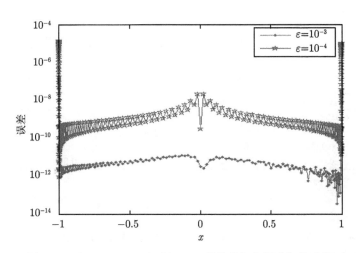

图 5.28 当 $N=200$ 时, 例 5.4.1 的数值解与精确解的误差

解析解为

$$u(x)=\cos(\pi x)+\frac{\mathrm{erf}\left(\dfrac{x}{\sqrt{2\varepsilon}}\right)}{\mathrm{erf}\left(\dfrac{1}{\sqrt{2\varepsilon}}\right)},$$

其中 erf(x) 为误差函数, 解在 $x = 0$ 处有一内层. 利用双曲变换 Sinc 方法求解上述问题, 数值结果如表 5.19 所示, 误差 L_∞ 定义为

$$L_\infty = \max_{-N \leqslant i \leqslant N} |u_i - u(x_i)|,$$

其中 u_i, $u(x_i)$ 分别为数值解和精确解在节点 x_i 的函数值.

例 5.5.3　考虑非线性奇异摄动边值问题

$$\begin{cases} \varepsilon u_{xx} + u u_x = 0, \\ u(\pm 1) = \pm \tanh\left(\dfrac{1}{2\varepsilon}\right). \end{cases}$$

用迭代法

$$\varepsilon u_{xx}^{n+1} + u^n u_x^{n+1} + u^{n+1} u_x^n = u^n u_x^n$$

求解直至收敛, 其中 $u^0(x)$ 为 $u(\pm 1)$ 的线性插值. 计算结果见表 5.20.

表 5.19　例 5.5.2 误差 L_∞

ε	$N = 30$	$N = 40$	$N = 50$	$N = 60$	$N = 70$
10^{-1}	4.1200e−09	6.3300e−11	3.2400e−12	2.2549e−13	2.1427e−14
10^{-2}	2.8774e−05	1.1385e−06	5.4852e−08	4.3428e−09	3.1157e−10
10^{-3}	9.0591e−04	1.9822e−04	3.2868e−05	4.8955e−06	1.1724e−06
10^{-4}	0.0027	0.0012	3.4079e−04	1.1001e−04	4.9538e−05

表 5.20　例 5.5.3 的误差 L_∞

ε	$N = 30$	$N = 40$	$N = 50$	$N = 60$	$N = 70$
10^{-1}	5.5162e−007	1.2500e−08	2.5817e−010	1.2714e−11	1.1596e−12
10^{-2}	7.1150e−04	1.8976e−04	4.2184e−06	4.9961e−06	5.3923e−07
10^{-3}	0.0034	0.0028	2.7535e−04	3.0469e−04	5.1047e−05
10^{-4}	0.0209	0.0032	0.0039	0.0015	2.0128e−04

参 考 文 献

[1] Trefethen L N. Spectral Methods in MATLAB. Philadelphia: SIAM, 2000.

[2] 向新民. 谱方法的数值分析. 北京: 科学出版社, 2000.

[3] Shen J, Tang T. Spectral and High-Order Methods with Applications. Beijing: Science Press, 2006.

[4] Bellman R E, Casti J. Differential quadrature and long-term integration. J. Math. Anal. Appl., 1971, 34: 235-238.

[5] Berrut J P, Trefethen L N. Barycentric Lagrange interpolation. SIAM Rev., 2004, 46(3): 501-517.

[6]　Tee T W, Trefethen L N. A rational spectral collocation method with adaptively transformed Chebyshev grid points. SIAM Journal on Scientific Computing, 2006, 28(5): 1798-1811.

[7]　Stenger F. Numerical Methods Based on Sinc and Analytic Functions. New York: Springer-Verlag, 1993.

[8]　Lund J, Bowers K L. Sinc Methods for Quadrature and Differential Equations. Philadelphia: SIAM, 1992.

[9]　Sugihara M. Near optimality of the Sinc approximation. Math. Comput., 2003, 72(242): 768-786.

[10]　Sugihara M. Double exponential transformation in the Sinc-collocation method for two-point boundary value problems. J. Comput. Appl. Math., 2002, 149(1): 239-250.

[11]　彭芳麟. 数学物理方程的 MATLAB 解法与可视化. 北京: 清华大学出版社, 2004.

[12]　De Jager E M, Jiang F R. The Theory of Singular Perturbations. Amsterdam: North-Holland, 1996.

[13]　王健, 谢峰, 张伟江. 解二阶奇异摄动两点边值问题 Runge-Kutta 法. 上海交通大学学报 (增刊), 2006, 40: 42-46.

[14]　Xie F, Wang J, Zhang W J, He M. A novel method for a class of parameterized singularly perturbed boundary value problems. J. Comput. Appl. Math., 2008, 213(1): 258-267.

[15]　Wang L. A novel method for a class of nonlinear singular perturbation problems. Appl. Math. Comput., 2004, 156(3): 847-856.

[16]　Wang Y, Chen S, Wu X H. Rational spectral collocation method for solving a class of parameterized singular perturbation problems. J. Comput. Appl. Math., 2010, 233(10): 2652-2660.

[17]　Zheng S Y, Wu X H, Du L L. A novel numerical method for a class of problems with the transition layer and Burgers' equation. Int. J. Comput. Math., 2011, 88(13): 2852-2871.

[18]　Du L L, Wu X H, Chen S Q. A novel mathematical modeling of multiple scales for a class of two dimensional singular perturbed problems. Appl. Math. Model., 2011, 35(9): 4589-4602.

[19]　Protter M H, Weinberger H F. Maximum Principles in Differential Equations. Englewood Cliffs: Prentice-Hall, 1967.

[20]　Hou T Y, Wu X H. A multiscale finite element method for elliptic problems in composite materials and porous media. J. Comput. Phys., 1997, 134(1): 169-189.

[21]　Hou T Y, Wu X H, Cai Z Q. Convergence of a multiscale finite element method for elliptic problems with rapidly oscillating coefficients. Math. Comput., 1999, 68(227): 913-943.

[22]　Efendiev Y, Galvis J, Hou T Y. Generalized multiscale finite element methods (GMsFEM). J. Comput. Phys., 2013, 251: 116-135.

[23]　Miller J J, O'Riordan E, Shishkin G I. Fitted Numerical Methods for Singular Perturbation Problems. Revised ed. Singapore: World Scientific, 2012.

[24] Tobiska L. Analysis of a new stabilized higher order finite element method for advection-diffusion equations. Comput. Methods Appl. Mech. Engrg., 2006, 196: 538-550.

[25] Shishkin G I. A finite difference scheme on a priori adapted meshes for a singularly perturbed parabolic convection-diffusion equation. Numer. Math. Theor. Meth. Appl., 2008, 1: 214-234.

[26] Chen L, Xu J C. Stability and accuracy of adapted finite element methods for singularly perturbed problems. Numer. Math., 2008, 109: 167-191.

[27] Cai X, Cai D L, Wu R Q, Xie K H. High accuracy non-equidistant method for singular perturbation reaction-diffusion problem. Appl. Math. Mech., 2009, 30(2): 175-182.

[28] 岑仲迪. 含两个小参数的抛物对流扩散方程的有限差分法. 系统科学与数学, 2009, (7): 888-901.

[29] Sharma K, Rai P, Patidar K C. A review on singularly perturbed differential equations with turning points and interior layers. Appl. Math. Comput., 2013, 219(22): 10575-10609.

[30] Zhu P, Xie S L. Higher order uniformly convergent continuous/discontinuous Galerkin methods for singularly perturbed problems of convection-diffusion type. Appl. Numer. Math., 2014, 76: 48-59.

[31] 江山, 孙美玲. 多尺度有限元结合 Bakhvalov-Shishkin 网格法高效处理边界层问题的研究. 浙江大学学报 (理学版), 2015, 42(2): 142-146.

[32] 王涛, 刘铁钢. 求解对流扩散方程的一致四阶紧致格式. 计算数学, 2016, 38(4): 391-404.

[33] Jiang S, Sun M L, Yang Y. Reduced multiscale computation on adapted grid for the convection-diffusion Robin problem. J. Appl. Anal. Comput., 2017, 7(4): 1488-1502.

[34] 江山, 孙美玲. 一维强振荡变系数奇异摄动问题的多尺度有限元计算. 应用数学与计算数学学报, 2017, 31(3): 403-412.

[35] 聂冬冬, 谢峰. 一类带有 Neumann 边界条件奇异摄动反应扩散方程的周期解. 应用数学与计算数学学报, 2018, 32(1): 115-124.

[36] Clavero C, Jorge J C. Solving efficiently one dimensional parabolic singularly perturbed reaction-diffusion systems: A splitting by components. J. Comput. Appl. Math., 2018, 344: 1-14.

[37] Constantinou P, Franz S, Ludwig L, Xenophontos C. Finite element approximation of reaction-diffusion problems using an exponentially graded mesh. Comput. Math. Appl., 2018, 76: 2523-2534.

[38] Yin Y H, Zhu P. The streamline-diffusion finite element method on graded meshes for a convection-diffusion problem. Appl. Numer. Math., 2019, 138: 19-29.

[39] Jiang S, Liang L, Sun M L, Su F. Uniform high-order convergence of multiscale finite element computation on a graded recursion for singular perturbation. Electro. Resear. Arch., 2020, 28(2): 935-949.

[40] Sun P T, Chen L, Xu J C. Numerical studies of adaptive finite element methods for two dimensional convection-dominated problems. J. Sci. Comput., 2010, 43(1): 24-43.

[41] Lin R C, Stynes M. A balanced finite element method for singularly perturbed reaction-diffusion problems. SIAM J. Numer. Anal., 2012, 50: 2729-2743.

[42] Sun M L, Jiang S. Multiscale basis functions for singular perturbation on adaptively graded meshes. Advan. Appl. Math. Mech., 2014, 6(5): 604-614.

[43] Song F, Deng W B, Wu H J. A combined finite element and oversampling multiscale Petrov-Galerkin method for the multiscale elliptic problems with singularities. J. Comput. Phys., 2016, 305: 722-743.

[44] Jiang S, Presho M, Huang Y Q. An adapted Petrov-Galerkin multi-scale finite element for singularly perturbed reaction-diffusion problems. Inter. J. Comput. Math., 2016, 93(7): 1200-1211.

[45] Boglaev I. A parameter uniform numerical method for a nonlinear elliptic reaction-diffusion problem. J. Comput. Appl. Math., 2019, 350: 178-194.

[46] Cai D F, Cai Z Q, Zhang S. Robust equilibrated a posteriori error estimator for higher order finite element approximations to diffusion problems. Numer. Math., 2020, 144: 1-21.

[47] Li Z W, Wu B, Xu Y S. High order Galerkin methods with graded meshes for two-dimensional reaction-diffusion problems. Inter. J. Numer. Anal. Model, 2016, 13(3): 319-343.

[48] 杨宇博, 祝鹏, 尹云辉. 分层网格上奇异摄动问题的一致 NIPG 分析. 计算数学, 2014, 36(4): 437-448.

[49] Tadmor E. The exponential accuracy of Fourier and Chebyshev differencing methods. SIAM J. Numer. Anal., 1986, 23(1): 1-10.

[50] Reddy S C, Weideman J A C. The accuracy of the Chebyshev differencing method for analytic functions. SIAM J. Numer. Anal., 2005, 42 (5): 2176-2187.

[51] Baltensperger R, Berrut J P, Benjamin N. Exponential convergence of a linear rational interpolation between transformed Chebyshev points. Math. Comp., 1999, 68: 1109-1120.

[52] 孔伟斌. 高精度方法中的不规则区域及若干变换的研究. 同济大学理学博士学位论文, 2009.

[53] Tang T, Trummer M R. Boundary layer resolving pseudospectral methods for singular perturbation problems. SIAM J. Sci. Comput., 1996, 17: 430-438.

[54] Wu X H, Han G F. Direct expansion method of boundary condition for solving 3D elliptic equation with small parameters in the irregular domain. Comp. Math. Appl., 2011, 61(10): 2971-2980.

[55] Muhammad M, Nurmuhammad A, Mori M, Sugihara M. Numerical solution of integral equations by means of the Sinc collocation method based on the double exponential transformation. J. Comput. Appl. Math., 2005, 177 (2): 269-286.

[56] Sugihara M, Matsuo T. Recent developments of the Sinc numerical methods. J. Comput. Appl. Math., 2004, 164-165: 673-689.

[57] Li C, Wu X H. Numerical solution of differential equations using sinc method based on the interpolation of the highest derivatives. Appl. Math. Modelling, 2007, 31(1): 1-9.

《奇异摄动丛书》书目